景天◎著

女人就要经济独立

中国出版集团
现代出版社

图书在版编目（CIP）数据

女人就要经济独立 / 景天著. -- 北京：现代出版社, 2016.11
 ISBN 978-7-5143-4249-9

Ⅰ. ①女… Ⅱ. ①景… Ⅲ. ①女性－财务管理－通俗读物 Ⅳ. ①TS976.15-49

中国版本图书馆CIP数据核字(2016)第245580号

女人就要经济独立

作　　者	景　天
责任编辑	陈世忠
出版发行	现代出版社
地　　址	北京市安定门外安华里504号
邮政编码	100011
电　　话	010-64267325　64245264
网　　址	www.xdcbs.com
电子邮箱	xiandai@cnpitc.com.cn
印　　制	三河市华润印刷有限公司
开　　本	880mm×1230mm　32
印　　张	8.5
字　　数	200千
版　　次	2016年11月第1版　2019年1月第3次印刷
书　　号	ISBN 978-7-5143-4249-9
定　　价	36.00元

版权所有，翻印必究；未经许可，不得转载

前言

钱和安全感，相亲又相爱

金星采访杨幂时问，如果你想给爸妈买一套房子，你会与刘恺威商量吗？

"不会的，因为我买得起。"

其实，这就是一个女人真正的安全感。我想买任何东西，只需要自己决定，因为我支付得起自己的欲望。我不需要和任何人商量，也无须经过他人的点头同意，我只想过自己想要的生活，并取悦自己。但前提是，你得有这个支付能力，一种心甘情愿地付出后，依然不让自己身陷困境的能力。

我们不知道意外和明天哪一个会先到来，所以，我们只能拼尽所有来赚钱，为自己赢得安全感。假如存款没有那么多，安全感也会相应地弱很多，因为在突如其来的困难面前，我们很可能会束手无策。

我们拼命地赚钱，只是为了更多的自由和选择，也为了让自己更有价值感。即使失恋，或落魄，我们依然可以去昂贵的餐厅吃饭，不用计较菜单上的价格；遇见喜欢的裙子可以立刻穿上，不用等到穿不上的时候才有钱买到；想去看外面的世界就去看了，不用等到迈不开步伐时再后悔。

　　现实让我们看到并看清生活的真相，以及它赤裸裸的残忍，但我们依然要热爱生活，用最努力的状态赚足够多的钱，让赚钱的速度大于自己老去的速度，才能获得踏实而安心。

　　钱和安全感，相亲又相爱，要想获得安全感，请先拥有赚钱的能力，当然，一旦你具备这种优秀的能力，反而才能愉悦而放松地投入生活中，所有的焦虑都会远去，好运也不请自来。

　　为什么？因为在拥有赚很多钱的能力之前，你应该吃了很多苦，走了很多弯路，就像那灰姑娘一样，生活总会垂青每一个认真而努力的女孩。

　　当然，钱对任何人来说，都是好东西，也是不够用的。假如有一个人愿为你花钱，也请你好好尊重他，好好爱他，至少在他心里，你比钱更重要。

畅销书作者　韦娜

代表作《世界不曾亏欠每一个努力的人》

 第一课　女人要有钱，有钱才有安全感

"嫁得好"不等于一切都好 002
女人的安全感来自实际的存款数 005
美丽的形象，是需要财务支持的 008
年龄段不同，理财意识也要不同 011
没钱女人必须改变的金钱观念 015

 第二课　30年后，遇见优雅富足的自己

30年后，你将面临什么 020
理财路上，思路决定出路 024
把理财作为一种生活方式 028
懂得理财，老了不用为钱奔波 032
最重要的不是收入，而是理财的方法 036

第三课　靠人人跑，财务独立才是真正的独立

靠山山倒，靠人人跑，只有靠自己最好......042
70%女人认为财务自由带来幸福............046
像有钱人一样思考........................049
趁年轻提高自己的身价....................053
女人要有挣钱的欲望......................057

第四课　理财第一步，从强制储蓄开始

不要低估储蓄的威力......................062
复利的魔力，财源滚滚而来................065
教育储蓄，宝贝计划要趁早................069
互联网时代，储蓄高收益秘诀..............073
银行加息后，如何转定存最合适............077

第五课　合理消费，花小钱过优质生活

聪明消费，把钱花在刀刃上................082
没钱一样能消费，负债让你更有钱..........086

闺密一起来"拼单",海淘更省钱..........090
货比三家永远不会错..................093
团购与预定,消费也可以很好玩..........097
关注打折信息,生活将变得更加美好......101
购物时只选对的,不选贵的.............104
穿出风格,不以量取胜.................108
特价不一定超值......................112
改改囤货癖,明确想买的和想做的事......116

第六课　经济自由,会挣钱才是硬道理

找到商机,市场需要什么................122
在"知本+资本"的角逐中轻松生财.......126
网红经济学:才华与美貌的角逐..........129
果断抉择,钱财对你的暧昧没有耐心......133
统筹时间,提高单位财富创收率..........137
不要坐着干等钱,行动才能捞到钱........140
合力赚钱,打造"笨笨女"的小金库.......143
适合女性的创业方案..................146

第七课　情侣之间，懂得谈钱才有未来

善用选股理念，选择"潜力股"男人 152
恋爱时，要算好金钱账 156
男朋友向你借钱怎么办 160
婚前财产巧妙处置，构筑财产"防火墙" 164
婚礼不是用钱堆起来的 168
未雨绸缪，准备足够的生育金 172
不要轻易为伴侣提供贷款担保 176
婚姻失去的时候，抓牢属于你的钱 180

第八课　规划家庭财务，不做"败家"媳妇

先理清家庭财务，再开始理财 186
因"家"制宜，制订理财计划 190
记账是最常见的理财技巧 194
谙熟家庭税务操作技巧 197
家庭信贷消费大有学问 200
控制好家庭休闲娱乐支出 203

第九课　工资花不完，学会钱生钱

信用卡：用银行的钱埋单 208
保险：系上人生的"安全带" 211
股票：股市就是你的"提款机" 214
外汇：让钱生出更多的钱 216
基金：一只好基金胜过十个好男人 219
国债：分散投资的重要形式 222
实物投资：让财富保值增值 225
黄金：永不过时的发财路 228
房地产：不动产投资的王道 231

第十课　预防财务危机，这些投资要谨慎

安全稳健是第一，理性看待高收益 236
优质平台四标准：资质、排名、风控、成交量 239

货币基金:"现金"保管箱...............242
适合女人投资的两类国债.............245
凭证式国债交易指南.................248
记账式国债交易指南.................250
分红型保险:理财型保险..............252
银行保本理财产品...................255
保本基金:基金中的"战斗机".........257

第一课

女人要有钱，有钱才有安全感

> 安全感是自己给的。在漫长的岁月中，既能养活自己，又有资本把自己装扮得美美的，才是女人最好的选择。

"嫁得好"不等于一切都好

能够嫁给一个好男人是每一个女人的梦想，可是不一定嫁得好的女人就一定很幸福，尤其是一些高学历、有事业心的女性，婚后的生活往往会出现很多问题。婚姻关系与恋爱关系的不同之处在于，恋爱不需要承担家庭的责任，但是结婚之后两个人中一定要有一个人来照顾这个家。

通常女性都是在婚姻生活中最容易妥协的人，所以绝大多数原本事业有成的女性，都会为家庭而放弃自己原本的事业。女性一旦放弃了原来的事业，全身心地投入家庭生活之后，故事往往不会像童话中说的那样："从此王子和公主永远幸福地生活在一起。"因家庭而放弃事业的女性，往往都以悲剧收场。

女性放弃自己原本拥有的事业投入家庭生活，从一个女强人变成一个女主妇，生活的主战场从职场变成了菜场，这种巨大的转变不是所有人都能够接受的，而且也会让很多女性一下子失去心理平衡，夫妻关系、家庭生活也一起受到这种不平衡的影响。久而久之女性便会开始抱怨，夫妻之间的矛盾也会在女性的一声声抱怨中不断升级。

如果女人嫁给了一个职场精英，自己放弃事业在家专心照顾丈夫带孩子，男人延续着之前的生活轨迹，女人的生活则发生了巨大的变化：接触的人从原本精明的职场白领，变成了小区广场上的大爷大妈，谈论的话题也变成了家长里短。长此以往，夫妻之间的差距会越来越大，共同话题也会变得越来越少，时间一长，两个人就会变得生疏。由此可见，并不是嫁得好就一定过得好，想要让自己过得好，还要懂得经营自己的生活。

即便做家庭主妇，也要做一个经济独立的家庭主妇。聪明的女人会让丈夫对自己产生依赖，这种依赖不仅仅在家庭方面，也在工作方面。女性决定为家庭做出牺牲没有错，但是千万不要将自己看成一名普通的家庭主妇，因为一个精英男人是不会和一个典型的家庭主妇幸福地生活一辈子的，所以女性一定要成为丈夫的"助理太太"。

温莎原本在职场上是一个叱咤风云的女强人，为了家庭退居二线之后，觉得自己的才华就这样丢掉了太可惜。经过权衡，她做起了丈夫的"助理太太"。所谓的助理太太就是当好精英丈夫的助手，与全职的白领不同，她不用到职场工作，省去了与同事维系关系的苦恼，同时也可以做到经济独立，相比过去紧张的职场生活，反而多出了一份清闲和安逸。

温莎做助理太太，可以帮助丈夫料理工作上的事务，用自己的专业知识帮助丈夫做企划、报表等。夫妻两个人可以共同做一份事业，这样一来夫妻之间的共同话题就会多很多。由于两个人都是朝着一个共同目标而努力的,所以工作中两个人不会像在职场上一样发生利益冲突和意见上的分歧,配合起来自然也比与同事工作时更多了一份默契。

现如今像温莎一样在家做助理太太的女性有很多,她们甘愿为了家庭牺牲自己的事业,为丈夫的事业立下汗马功劳,成为典型的成功男人背后的女人。与此同时,她们还可以拥有一份不错的收入,一边兼顾丈夫的工作,一边享受家庭生活。比起之前的工作,少了一份职场压力,多了一份自由,而且还可以将多余的时间用来照顾自己的家人。与过去相比,她们可以更加自由地支配时间,也可以利用充裕的时间去学习、旅游、工作、健身、美容等等,让自己的生活变得更加充实。

女人不要觉得自己嫁得好就可以从今以后万事大吉,要知道婚姻就好像是一场生意,需要自己来经营,只有夫妻二人齐头并进,才能够让婚姻这场生意越做越好。不少女人觉得结婚之后男人变了,岂不知是自己先变了,所以男人才变了。男人娶你是因为被优秀的你所打动,千万不要让婚姻淹没了原本优秀的自己。

女人的安全感来自实际的存款数

无论对钱持有什么样的态度,我们都不得不承认钱会给人带来物质上的享受,换句话说,钱是女性享受幸福的资本。

有一些女性成长在一个"不缺钱"的家庭当中,所以她们对钱的概念往往比较淡薄,通常没有存钱意识,因为在潜意识里她们觉得有父母给予经济上的支持,所以自己很有安全感。随着时间流逝,父母年龄越来越大,当父母无法为你提供你想要的物质生活,而你又没有任何存款,那么以后的日子想过得舒服就难了。

谁都不能做一辈子的"啃老族",正如上文所言,也不要指望嫁个有钱的丈夫让自己过上好日子。所以说,能够给女人带来安全感的不是有钱的父母,也不是男人,而是银行卡里的存款。

多莉丈夫的家境比较殷实,所以多莉婚后就辞去工作,在家做起了全职太太。刚刚开始做全职太太的时候,多莉很享受这种生活,每天在家做家务,晚饭的时候做好一桌子的饭菜等着丈夫回来吃饭。日子一天天过去了,多莉却深感不安。

因为多莉跟丈夫结婚时,自己的银行卡上的钱,加上公婆给的礼金，也有十几万的存款了。结婚之后，丈夫并没有给多莉零用钱，她一直花的都是自己银行卡里的存款。日子一天一天过去，银行卡里的钱也越来越少了。眼看着银行卡里的钱从六位数变成了四位数，多莉开始越来越不安，心情也会莫名其妙地烦躁起来。

　　一天晚饭后，多莉提出让丈夫补贴家用，丈夫虽然爽快地答应了，却只拿出了 2000 块钱，这让多莉更加不安。之后的日子里，多莉多次管丈夫要家用，丈夫开始的时候给钱很爽快，但是日子久了也满腹牢骚。他抱怨自己每天工作那么辛苦赚钱，而多莉却在家养尊处优只知道花钱。丈夫的抱怨让多莉变得敏感起来，她甚至开始怀疑丈夫是不是外边有其他女人，夫妻俩的矛盾越来越大，婚姻变得岌岌可危。

　　多莉是典型的因为银行卡里没有存款而失去了安全感。女人在失去安全感的时候，常常会变得焦虑不安，脾气也会变得烦躁易怒。有些男人总是抱怨自己的女人不温柔，又或者抱怨自己的女人脾气太暴躁，女人为什么会这样？就是因为女人没有安全感，时时刻刻精神都处于紧绷的状态。

　　多莉最初很享受做家庭主妇的日子，每天都会将家里收拾干净，还会做好美味可口的饭菜等着丈夫回来享用，为什么她会有这样的心情？因为她的银行卡里有存款，她觉得自己有安全感，不会因为没钱用而犯愁。可后来多莉的银行卡里没有存款了，她开始变得不安起来，觉得自己的钱花了一分就少了一分，所以她开始变得紧张起来，紧张的情绪导致她的性格也发生了转变。

　　想要让生活过得平静、有安全感，女人应该学会存钱。很多人会说存钱不容易,其实存钱也不一定是不容易的事情。比如说去银行办一张存折而不是银行卡,定期在存折中存入一部分钱,而存折里的钱不要随意乱花,这样女人就会变得心里有底了。此外,女人还应该记住,无论你现在的日子过得多么舒心,都不要忘记了存钱,只有银行卡里有存款,日子才能过得更加舒心。

女人无论什么时候都要保持一份危机感,即便是嫁了一个有钱人也应该如此。女人不要将家庭主妇的工作看成是自己的本职工作,要知道家庭主妇的工作保姆也可以做,而保姆在做这些工作的时候主人还应该支付工资,更何况你是女主人呢?全职的家庭主妇往往没有工作,没有经济收入,不妨让自己的丈夫将部分收入交给自己保管,确保自己不是身无分文。

美丽的形象,是需要财务支持的

人是视觉动物,喜欢依靠自己的眼睛来判断事物的好与坏,尤其是在与人交往的时候,更喜欢用眼睛观察对方,因此第一印象很重要。如果第一印象差,人们就会有一种先入为主的意识,总觉得对方不好。美丽的形象对于女人来说十分重要,形象就是女人最好的名片。

无论是在职场还是在生活当中,良好的形象都可以让女人的自信心得到提升。美丽的形象并不仅仅会给别人留下良好的印象,还是一种外在的辅助工具。一个女人的形象和言谈举止,可以反映一个女人的修养,增加女人的魅力。不过一个现实的问题又摆在了女人的面前,美丽的形象必须有财务的支持才行。很多形象不佳的女人,不是没有保持美丽形象的意识,而是输在不肯给自己花钱上。

小美是一个工薪阶层的小白领,每个月的工资除了交房租和日常开支之外,基本上就所剩无几了。小美为了能够省一点儿钱,平时买衣服从来都不去商场里买,而是在地摊或者网络上淘一些廉价的衣服来穿。小美身边的朋友经常提醒她:"小美,你再不好好打扮一下自己,小心将来没男人肯要你!"小美每次听到这些话的时候都不以为然,还摆出自己的一套理论,强调爱情里人们看的不是外表而是内在。

小美一直觉得自己的这套理论挺有道理的,现实却狠狠地扇了她一个耳光。最近公司来了一位高大帅气的男同事,一下子就吸引了小美的目光。都说近水楼台先得月,新同事的座位就在小美旁边,这地理优势显然已经被她占据,而新同事似乎也注意到了小美。就在小美觉得自己与新同事有戏的时候,同公司的另一位有着"万人迷"之称的女同事出现了,小美立刻在新同事眼中变成了透明人,最终他和"万人迷"走到了一起。

这件事让小美更新了自己心里的那套理论,她觉得女人有内在还是不够的,外在才是吸引人的本钱!不过现在她即便幡然醒悟要好好打扮自己也为时已晚,只能一边看着新同事和万人迷每天秀恩爱,一边默默地等待下一次机会了。

小美由于每个月收入有限,不舍得花钱包装自己,可她没有想到,自己的"不舍得"让自己失去了男人缘。小美一直坚信爱情里看的是内在,可是如果外在不吸引人,别人也很难对她的内在感兴趣。小美在遇见一见钟情的男人之后,虽然成功地让对方注意到了自己,可是当外在优于自己的女人出现之后,小美钟情的男人瞬间将所有的注意力都转移到别人身上了,她最后只能看着自己喜欢的男人跟别人谈恋爱。

女人这辈子最成功的投资就是投资自己,不断包装自己,让自己拥有一个最美好的形象。有些女人可能认为，买一件几百块钱的衣服，不如用几百块钱买几件便宜的衣服。质地好的衣服和质地差的衣服在本质上就是有区别的，所以穿在人身上的效果自然也有所不同。女人不要为了省区区的几百块钱而让身价暴跌。

年龄段不同，理财意识也要不同

女性在不同的年龄段对理财的需求有所不同，所以理财意识也要不同，要避免在理财方面出现盲从的问题。女性在理财时要明确自己究竟处于哪一个人生阶段，有哪些理财需求，毕竟越早做好理财计划，理财的效果越好。女性要保持投资的敏感度，定期去检视投资组合，避免形成孤注一掷的理财模式。要相信自己有理财的能力，这样"财"才会理你。

女性25岁以前是理财的一个重要阶段。在这个阶段，女人投资自己比投资任何项目的收益都要大，要知道"钱不是省出来"的道理。想要赚到更多的钱，必须拥有赚钱的资本才行，而女人赚钱的资本不仅在于自己的能力，还有自己的外表。这个年龄段的大部分女性，要么就是没有任何理财概念，要么就是对理财比较排斥，要么就是理财方面全部由自己的父母来帮忙打理。25岁以前的女性想要管理好自己的钱包是一件比较困难的事情，既然没有一个很好的理财观念，那么不妨在这个阶段在花钱的方面多做提高，消费的时候尽量让最少的钱发挥最大的作用。

25～30岁这个年龄段正是年轻女性的财富积累期,在理财方面必须要有积极的态度,有冲锋陷阵的架势。要努力去充实自己的资本,为步入家庭生活做好一切准备。要知道理财计划越早做,将来生活就会越省力,需要面对的风险也会越小。这个时期的女性不妨多了解一些不同形式的理财工具,逐渐积累宝贵的理财经验。

女人一旦过了30岁之后,对生活的观念也会发生改变,开始追求比较安定平稳的生活,对于理财的需求也开始逐渐倾向于对孩子的教育,购买房子、车子等等。虽然说自己对于理财的观念开始逐渐趋于稳定,但是处于这个时期的女性在生活上其实变动是比较大的,比如"离婚"。所以女性在理财的心态上也应该趋于冷静、保守,尤其是在预算上更要以安全为主。投资时应该确保有足够的保障资金,再考虑好投资的风险,最后再出手投资。

步入中年的女性一般生活模式都已经稳定了,收入也趋于稳定,由于在前十年里已经对理财有了概念,所以日常开销都已经有了着落。虽然表面上看上去理财已经进入一个平稳期,但是不要忘记,中年女性需要面对一个生理的转折期。在这段时期的女性身体很容易出现这样或者那样的毛病,所以女性应该有未雨绸缪的意识,为自己存一笔"过河钱"。要购买相关的医疗保险,让自己的生活有保障。这个时期女性的投资心态应该更加谨慎,因为这个阶段女性从头再来的机会已经不多了。

进入老年阶段的女性,在心理上需要迎接一个空巢期。因为之前的工作往往都是比较忙碌的,而进入老年阶段的女性开始逐渐慢下来，刚开始的时候可能会有些不太适应。此时不妨去从事一些力所能及的社会工作，让自己发挥余热，这样就能安然度过空巢期。这个阶段是女性享受年轻时理财积累下来的财富的时候，所以女性只需要享受，不需要再去考虑更多的投资了。

今年65岁的文芳日子过得非常舒心，而这一切，都是有秘诀的。四十几年前，她在当地的一所机械厂里当工人，每月工资只有区区几十块钱。文芳会用自己的工资来买自己喜欢的衣服、鞋子等等，虽然一个月下来自己的钱所剩无几，但是文芳的外在形象绝对是整个机械厂里最好的，还被人称为机械厂的"厂花"。

给文芳介绍对象的人越来越多，文芳千挑万选，最终选择了一位年轻有为的男人作为自己的丈夫。两个人结婚之后，文芳掌管了家里的财政大权。文芳在那个时候就开始留意国家债券，并且时不时会购买一些债券。随着时间的推移，文芳手中的债券开始有了回报，而此时又出现了炒股热。文芳开始接触炒股，并且不断学习着有关炒股的知识，这让文芳很快拥有了人生的第一个一百万。

有了钱的文芳开始买房买车，逐渐积累财富。现如今文芳已经退休多年，可是自己依然没有闲着。最近几年，文芳还会参加当地老年人组织的各种活动，晚年生活过得十分精彩，而且她从来不会为钱的事情发愁。

人生最可悲的事情就是"人活着钱没了"。尤其是到了老年时期的时候还需要为钱发愁，那就真的是极其可悲了。要知道，女性的平均寿命比男人长七年，所以没有积蓄的女人晚年生活会十分悲惨。调查显示，60岁以上的女性中，有三分之二会失去另一半，这就意味着即便你嫁给了一个好男人，你也只能享受这个男人在有生之年对你的无微不至的照顾，而男人去世之后，剩下的岁月都要靠女人自己去打发，所以为自己更好地规划未来是非常有必要的。

女人在理财方面要有自己的主张，要有能够养活自己的能力。具备一定的理财意识非常重要，千万不要觉得自己是一个女人，照顾好丈夫、照顾好孩子、照顾好老人就完成任务了。要知道女人最应该照顾的除了自己的家人和家庭之外，还有自己，要为自己做好以后的打算。

没钱女人必须改变的金钱观念

相信没有任何一个女性不想做"有钱的女人",可是有些女人却怎么也赚不到钱,这究竟是为什么呢?其实,问题不是出在女人的能力上,而是出在女人对金钱的观念上。赚不到钱的女人通常都有比较矛盾的观念,一方面觉得做个有钱的女人不错,而另一方面却觉得女人太有钱了不好,这种矛盾的金钱观念让女人与钱绝缘。

没有钱的女人往往认为钱不是好东西,总是在别人面前谈钱会让人觉得自己太"拜金",清高的观念让自己不想做一个"满身铜臭"的女人。此外,没有钱的女人还觉得赚钱是一件太辛苦的事情,自己不想那么辛苦,辛苦的事情应该由男人来做才对。

还有一些女性觉得"有钱就会学坏",并且还会摆出自己的一套心得,说自己身边的某某过去没钱,生活过得好好的,可是突然之间有钱了,整个人开始变了。一般说出这种话的女人都没有钱。她们虽然也很希望能够赚到钱,却在潜意识里对钱有着排斥的心理,试问有这样金钱观念的女人又怎么可能赚到钱呢?

金钱观念不正的女人，即便有致富的机会摆在面前，也会让它从自己的眼前溜走，就算钱已经跑到了这种女人的口袋里，也会很快就被"败光"。要知道，人喜欢与喜欢自己的人在一起，钱也同样如此。你每天都想着钱有多么不好，钱会给你带来怎样的负面影响，心里对钱有了排斥感，那么钱又怎么能够投入你的怀抱呢？所以说金钱观念不正的女人，不仅不会有钱，还会被这种矛盾的金钱观念所折磨，让自己生活在痛苦当中。

有钱的女人对金钱究竟抱有怎样的观念呢？答案其实很简单：她们热爱钱，喜欢钱，觉得钱是一件非常美好的东西。她们享受有钱的感觉，能把握每一个赚钱的机会，不让金钱从自己面前溜走。

凯蒂和朱莉是一对好闺密，凯蒂性格文静，而朱莉的性格比较活泼，两个人一静一动互补，相处起来也十分和谐。凯蒂的思想比较保守，总觉得女人不应该张口闭口就谈钱，而朱莉却觉得女人就是离不开钱。

凯蒂的生活一直很平淡，她不爱理财，有钱就花，而性格大大咧咧的朱莉却是一个"爱钱"的女人，她经常留意理财信息，总是会不断尝试投资，所以她的收入不仅仅局限于自己那点儿死工资。

每次两个人一起出去的时候，如果身边有人谈论关于投资的问题，凯蒂从来不感兴趣，而朱莉却十分感兴趣，恨不得耳朵都竖起来听，不愿错过任何一点儿有用的内容。

两个人不同的金钱观念，最终导致凯蒂只能过着普普通通的生活，而朱莉却早早有了属于自己的人生资本。

有钱的女人都有一个共同的特点，那就是对钱的渴望十分强烈，不愿意错过任何赚钱的好机会。她们喜欢钱，同时也懂得珍惜钱，她们会努力地去管理自己辛苦赚来的钱，不想让钱白白流失出去，所以她们会不断地学习理财知识，用手中的钱来生钱。

没钱的女人都在想有钱是不对的，可是有钱的女人都在想，没有钱才是罪恶的，两种不同的金钱观念，成就了两种不同的女人。有钱并不是什么可耻的事情，有钱也不是让人变坏的根源，相反有钱会提升一个人的品位，会让一个人从一个阶层走向另一个更高的阶层，见识到更多自己之前没有见识过的东西。有钱可以让人大开眼界，所以有钱没有什么不好，不要让错误的金钱观念阻碍了自己赚钱的脚步。

想让自己成为一个有钱的女人，首先要改变自己对金钱的观念，尤其是关于金钱产生的负面联想，有钱就会学坏的负面联想万万不能有。要树立对金钱正面的观念，从心底喜欢钱，钱才会喜欢你。

课后总结

　　女人应该有理财的想法，对待理财的问题应该有主见，并且拥有自己养活自己的能力。

　　女人如果嫁得好，更应该努力让自己变得更加优秀，才能够让婚姻更加幸福。

　　无论收入如何，都应该时刻让自己保持一个美好的形象，并且养成存钱的习惯，让自己的银行卡上始终有钱。

　　想要赚到钱，让自己成为一个不缺钱的女人，还要改变自己对金钱的观念，要知道金钱其实一点儿都不可怕，更不是所谓的"万恶之源"。

第二课

30年后,遇见优雅富足的自己

> 30年,也许只是弹指一挥间,可是对于女人来说,30年的时光却包含了女人一生多个角色的转变。30年会让女人从懵懂的少女变成成熟的女性,其间女人还会经历女儿、老婆、妈妈等一系列角色的转变,我们没有时光机器,更没有月光宝盒,无法预知未来究竟能怎么样,但是我们可以从现在开始规划未来,让自己可以在30年后做一个优雅富足的女人。

30年后,你将面临什么

无论是否已经结婚,经济独立永远都是女性生活的基础。因为从平均年龄上来看,女性的寿命要比男性长很多,而男性的退休年龄要比女性晚几年。在只有女性一人有退休金的时候,女性要承担家庭开支的大部分,因此女性必须好好规划未来的人生,才会拥有幸福的晚年生活。

现如今很多女人都已经不再将结婚生子看成人生必不可少的环节,在大城市中单身女性的数量非常多,尤其是年龄30—45岁的女性,她们往往都独立自主,有着自己的事业,所以婚姻对于她们来说已经变得不重要了。还有一些女性过去有婚姻,但是因为种种原因结束了自己的婚姻生活,再次过上了单身的生活。这些女性都应该做好理财规划,因为未来的日子里你可能要一个人度过,所以在没有另一半照顾的情况下,就要学会自己照顾好自己,规避未来可能发生的风险变得尤为重要。

为了让30年后的自己不变成养老院里的一个老阿婆,女人们必须打起精神来做好理财计划。首先,女人们要确定自己的净资产状况。所谓的净资产是指没有负债的财产总额，要清楚自己究竟有多少钱，才能够了解自己究竟有多大的承担风险的能力。根据自己的资产情况来选择短期、中期以及长期等不同的理财目标，开展自己的理财计划。

设定好理财目标之后，每个月都应该为完成这个理财目标而努力。女人必须要买房子，拥有属于自己的房子，无论何时都会让女人有一种归属感，所以你的理财计划中必须要有买房子的计划才行。购买房子也不是盲目的，你要在买房之前先了解自己的财务状况、房贷产生的生活负担等等。不要兴高采烈地将房子买到手之后，才发现自己根本就没有还房贷的能力。

李芬是20世纪80年代的大学生，那个时代的大学生含金量都比较高，就业也十分容易。毕业之后，李芬很快就被当地一所高中录用，成了一名老师。当上老师就等于端上了铁饭碗，李芬的日子过得比同龄人要轻松滋润很多。

1990年，李芬经人介绍，嫁给了一位商人。结婚之后的李芬毅然决然地辞去了老师的工作，跟着丈夫下海经商。起初，李芬和丈夫的生意十分红火，两个人短短两三年的时间就赚了几百万元。可是两个人赚到钱之后，并没有选择买房子，而是选择拿钱去炒股。谁料两个人对股市的行情并不了解，很快就把赚到的钱赔光了，还欠了别人一大笔钱。负债累累的丈夫不愿连累李芬，决定跟李芬离婚。

人到中年的李芬只能独自抚养儿子，她没有钱，没有房子，更没有工作。为了养活还在读书的儿子，李芬只能给人当保姆赚钱。现如今已经年过六十的李芬,还过着非常拮据的生活,因为她没有房子,儿子结婚也成了问题。为了赚钱,儿子去了广州打工,而李芬只能在家打打零工度日。

李芬不是没有机会过上富足的日子,更不是从来没有过上过富足的日子,只是她没有一个正确的理财观念,将大好的"钱途"葬送掉了。生活中有很多女人都有过和李芬一样的经历,通过创业赚得了人生的第一桶金,可是在第一桶金还没有焐热的时候,钱就一下子没了。很多人会说这就是"命",其实这与命运一点儿关系都没有,而是你不懂得理财。

女人在任何时候,都应该有一个清醒的理财头脑,要知道自己应该选择什么样的理财方式。不同的家庭,不同的年龄段,理财方式的选择都应该有所不同。如果是年轻的女性且收入比较高,具有很强的抗失业的风险,并且没有沉重的家庭负担,可以尽量选择一些回报比较高的理财产品。这类理财产品的优点在于收益比较高,但是缺点在于风险比较大,比如说基金、股票等等。如果是步入中年的女性,有家庭有孩子,还有老人要赡养,经济压力相对较大,在投资工具的选择上应该趋于保守,可以选择一些收益比较稳定的,例如债券等等。

女人在老年时期的赚钱能力非常弱,几乎为零,通常都需要依靠退休金来为自己的晚年生活保驾护航,可是有了退休金还远远不够,因为没有积蓄的女人同样很可悲。想要在老年时期存一些积蓄是非常难的,所以只有在年轻的时候积累大量的财富,30年后的自己才不会因为钱而犯愁。

建议女人们经常规划自己的未来。如果不知道自己应该规划什么,那么就不妨问问自己:30年之后自己究竟想要过怎样的生活?每个月要有多少钱才能够过上舒心的日子?现在自己有多少资产,可以为30年后的自己储备多少资金?未来如果自己生病,是否有钱治病?子女上学是否有钱供其读书?相信每天想几遍这些问题,女人就再也不会没有理财的观念了。

理财路上，思路决定出路

提到理财，很多女人都没有什么概念，而绝大多数的女人认为定期在银行卡里存放一些存款，在换季打折的时候购买几件降价的衣服就算是理财了。相反，男人的理财意识就要比女人强很多，绝大多数的男人都会研究一下股票或者基金，并且尝试购买一些，而女人在思想上似乎已经偏离了理财的道路。

稍微对理财有所了解的女人都会认为理财的内容包含很广，想要做好理财并不是一件容易的事情。当自己觉得理财这件事不容易做的时候，往往就会将这些"难题"交给另一半去解决。此外，还有一些女人会认为自己本来赚的钱就不是很多，每个月下来也所剩无几，干脆就不理财了吧！其实，并不是钱多才需要理财，钱少才更需要理财。假设你有100万元的存款，你不拿出去投资，只将钱放在银行里等着涨利息，那这100万元只会慢慢贬值，购买力越来越低。有钱人之所以有钱，并不是因为赚的薪水高，而是因为懂得投资理财，有理财的思想，所以才能让钱生钱。

在理财的道路上，思路决定出路。如果在理财的道路上没有任何思路,那就注定了你找不到任何赚钱的思路,钱在你的手中只能是"死"钱,永远都不能钱生钱。有理财思路的人,往往可以让平凡的生活过得不平凡,即便是普通的上班族也能成为一个有钱人。

文珊和黄丽是大学同学,两个人同窗四年,情同姐妹。毕业之后,文珊在家人的资助下开了一间服装店做起了小老板。而黄丽的家庭条件一般,毕业后只能在一家公司给人打工。两个人的人生道路从此就有所不同了。文珊的生意越做越好,每天顾客盈门,而黄丽每天按时上下班,过着朝九晚五的生活。可是五年之后,两个人的境遇就完全不同了。

黄丽在市里买了属于自己的一套小公寓,而文珊却只有一张不到10万元的存折以及一张欠了5万多元的信用卡。原来,黄丽在上班的时候,公司里的同事都在研究理财的事情,而黄丽也从中学习到了一些理财知识,于是她用平时积攒下来的积蓄交了一套小公寓的首付,每个月还部分房贷。没想到短短的两年时间里,房价一涨再涨,现如今黄丽的这套小公寓的市值竟然超过了50万。反观文珊,平时服装店里的生意是很红火,可是自己对于理财方面的知识一点儿都不了解,所以错过了很多理财的好机会。

黄丽出于好心告诉文珊:"其实,我觉得你应该多了解一些理财知识,对于你以后生活也很有帮助。"文珊却对黄丽说:"理财投资什么的我一窍不通,我觉得那些知识都太难了,我想我是学不会了。"文珊一再对自己否定,所以最终也只能默默守好自己的服装店,过着看上去富足,实际上只是虚有其表的生活。

文珊总是觉得学习理财知识太难,其实只要静下心来去了解一下就知道,它并没有想象中那么困难。理财知识与走路、说话等技能一样重要,是每个人都应该掌握的。千万不要觉得学习投资理财知识是从事金融行业的人才应该学的知识,要知道这些知识不仅仅是金融从业人员谋生的手段,也是我们必不可少的技能。

有理财思路的人,往往会想着怎么赚钱,怎么将手中有限的钱变得更多。没有理财思路的人,只会将钱牢牢攥在手里,不舍得吃、不舍得喝地将钱存起来。没有理财思路的人往往认为将钱存在银行里就是理财,而有理财思路的人会将钱投资出去,获得更多的回报。

越早有理财思路,未来的日子越好过。年轻是最好的本钱,因为年轻人需要承受的负担小,而且即便失败了也有从头再来的机会。如果年轻的时候就已经有了理财的思路,并且按照自己的思路去尝试理财投资,未来步入婚姻生活后就已经有了一定的积蓄,日子也会过得相对轻松很多。相反,没有理财思路的人,只知道年轻的时候努力赚钱,之后将钱存起来养老,可是你存的钱真的够养老吗?人在年轻的时候也许很难意识到,所谓的"中年危机"究竟是什么。等到自己人到中年,真真切切理解了中年危机的意义时,再想着去理财投资赚钱就为时已晚了。

很多女人都会给自己下一个定义:"我很笨,没有理财头脑;理财知识太复杂了,我学不会。"事实上,学习理财一点儿都不难,而且理财知识也没有想象中那么复杂,只要稍微读一些关于理财方面的书籍，你便可以对理财知识有一个初步的认识。当你看完一本关于理财知识的书时，回头再想想，自己之前是不是已经错过很多赚钱的好机会了？

意识到自己错过了不少的好机会后，现在要做的就是空闲的时候少玩一会儿手机，少照一会儿镜子，不要自怨自艾，好好了解理财投资的知识。有些时候，多看一些有关理财方面的书，理财的思路也会变得宽广起来，未来的出路自然也越走越宽了。

把理财作为一种生活方式

看过电视剧《乔家大院》的朋友应该都对剧中的乔家二奶奶印象深刻,不得不说这位乔家二奶奶不仅人贤惠,还拥有自己的一套理财方式。她在还没有嫁入乔家之前,就已经是有名的"铁公鸡"了,而她的父亲也是一个"铁算盘",对于东家的每一笔欠款都了如指掌,所以乔家二奶奶刚一过门就成了自己丈夫的融资官。她第一次融资是20万两白银,而第二次融资则是30万两白银,这两笔大数目的融资,让乔家在遭遇窘境的时候有了绝处逢生的机会。在乔致庸准备南下贩茶的时候,由于没有做生意的本钱,乔家二奶奶毫不犹豫地将自己的"玉白菜"卖掉,换来了救命的30万两白银,这些钱最终成了丈夫翻身的资本。

如果是在当今社会中,乔家二奶奶绝对算得上是一个成功的女性,她用她的智慧认真地经营着自己的家庭,用执着的精神过自己的生活。乔家二奶奶无疑是一个善于理财的女人,女性朋友都应该具备她的那股理财精神。

经营自己的家庭,管理自己的财务,其实就是人的生活。理财本身也是一种管理金钱的行为，管理好自己的金钱，才能够安心地生活。假设没有了金钱的保障，生活也会变得漂浮不定，人也没有了安全感。现如今绝大多数的家庭中都是由女人来打理财务的，所以女人如果没有理财的意识，想让家庭变得富裕就难了。换句话来说，一个男人即便再会赚钱，家里有一个"败家"的老婆，金山银山都会有败光的一天。不懂理财就如同败家一样。

很多女性都拥有一颗依赖别人的心，她们都将未来的"钱途"寄托在自己的丈夫身上，甚至很多女性都觉得只要自己能够嫁给一个有钱的男人，自己以后就可以过上"吃香的，喝辣的"的生活了。岂不知，如果自己没有赚钱的能力，仅仅依靠自己的长相就想找一个精英当丈夫，是非常有难度的。人总是有老去的一天，如果容颜已经不再，那么你对男人的吸引力还在哪里呢？与其将自己的全部精力都放在打扮自己上，倒不如学习一下理财知识，提升一下自己累积财富的能力。

常言道："伸手要钱，矮人三分。"如果你觉得嫁给一个男人，男人就必须努力工作赚钱养家，而自己只需要管好家就可以了，那么时间久了男人就会开始抱怨，夫妻之间的矛盾也会逐渐加深，婚姻生活想要美满就难了。都说女人能够撑起半边天，男女平等，那么赚钱方面女人自然也不能落下，同样要拥有赚钱能力，这样才能够成为男人离不开的女人。不要将理财看作一件很难的事情，而应该看成一种生活方式，就如同我们每天会吃饭、睡觉一样，让理财也成为我们生活的一部分。

小乔从小生活在一个"算盘"之家，她的父母都是会计，自己从小就对数字特别敏感，尤其是钱。小乔的父母在她很小的时候就已经开始教她认识钱了，并且时不时在家里模拟市场买卖东西。时间飞逝，小乔一转眼就变成大姑娘了，而她从小耳濡目染的一些理财方法也让她受益匪浅。

读大学的时候，小乔就已经开始进行理财投资了。当时小乔还是一个普通的大学生，手头并没有太多资金，她只能用自己平时勤工俭学或者学校发放的奖学金来购买基金和股票。虽然刚开始的时候资金太少，但是小乔权当自己在练习实践。

随着小乔理财观念逐渐加深，她觉得自己还年轻，手里的钱本来就不多，不如买一点儿高风险高回报的理财产品。结果，小乔的这次投资为她赢得了人生的第一桶金。小乔现在每天都会了解一些有关理财的知识，并且不断用手中的资金做投资，就这样，小乔手里的金额就跟雪球一样越滚越大。

很显然，小乔已经将理财作为自己的一种生活方式，她觉得理财是一件很正常的事情，而且了解理财知识对于她来说就好像是人们需要看新闻了解新鲜事一样稀松平常。小乔不觉得了解理财知识是一件痛苦的事情，相反她觉得投资理财很有趣，也乐于尝试，更勇于挑战一些高风险的投资项目。

女人在不同的年龄段会有不同的生活态度，所以对理财的计划和预期也会有所差异。年轻的女性通常都有一种拼搏的精神，所以在理财的时候，通常都会预期比较高，也敢于尝试一些高风险的理财方式。可是人到中年之后，女性的生活态度随着身份和家庭结构的改变而发生变化，这个时候的女性往往都有一种"求稳"的心态,因为她们觉得自己输不起,重头再来的机会太少了,所以处于这段时期的女性喜欢投资于房产。

现代女性需要面对的社会压力越来越大,而且生活中的不确定因素也越来越多,所以女人更应该建立正确的理财观念,学会如何管理自己的钱,如何规划自己未来的生活。如果在生活中不想成为金钱的奴隶,不想为了金钱而受苦受累,那就必须做金钱的主人,学会将理财作为自己的生活方式,才能够在生活中驾驭自己的金钱。

懂得理财，老了不用为钱奔波

随着人们对物质生活的追求越来越高，人们对钱的概念也越来越重，理财也逐渐成了我们生活中不可缺少的一部分。

现如今网络越来越发达，人们可以通过手机、电脑等工具来上网，而且现在还有很多手机理财APP，不懂理财知识的人完全可以通过网络来了解一些理财知识，培养自己的理财意识。

也许一些年轻的女人会觉得自己年纪轻轻就考虑理财的问题，是不是言之尚早？其实，理财没有年龄大小之分，每一个年龄段的人都应该具备理财观念。就好像小时候过年，大人会给我们压岁钱，而我们的父母会告诉我们："压岁钱不要乱花，将来长大给你留着读书用！"大人们口口相传的这些话，其实就是变相告诉我们要懂得理财。

理财并不是单纯的存款，而是一种投资。理财可以让有限的资金发挥无限的作用。我们除了可以单纯地将钱投到某些理财产品当中去，同样也可以投资在自己身上。女人需要美好的外貌，所以给自己添置漂亮的衣服，购买化妆品来妆点自己的面容，这些都是对自己的投资。女人拥有漂亮的形象，可以大大减少职场上和生活中的阻碍。

年轻的时候理财，是为了老了之后不为钱奔波忙碌。毕竟老年人可以工作赚钱的机会要比年轻人少很多，如果年轻的时候不懂得理财，到老了没有了生活的保障，想赚钱也没有机会了。

周周是一个典型的乖乖女，从小到大一直非常听爸妈的话，做任何事情都规规矩矩。周周大学毕业之后，进入一家公司当上了一名普通白领。在工作期间，她看着周围的同事都在不断学习，她也决定一边工作一边学习研究生的课程。整个课程的学费加在一起超过了3万元，而这笔钱是周周将近一年的工资。周周的父母觉得周周应该安分守己，既然已经有了稳定的工作，就应该好好做好眼前的工作，别再折腾了。

可是，周周觉得自己不应该停滞不前，决定还是要拼一拼。功夫不负有心人，周周顺利地读完了研究生的课程，并且成功跳槽到另外一家大公司，月薪从原来的不到3000元，一下子涨到了5000多元。

周周将有限的工资投在了自己身上，提升了自己赚钱的能力，让自己的生活更加有保障，从根本上解决了没钱的问题。随着接触的同事越来越多，她也学习到了一些理财的知识，并且有了理财的想法。

周周的父母思想保守，认为有钱就应该存在银行，而周周受到同事影响，决定将自己的积蓄全部拿出来做理财投资。结果，周周在很短的时间里，就让手头的资金翻了一倍。之后，周周认为太高风险的投资虽然可以获得巨大的收益,但是风险也是相对较高的,所以决定不将鸡蛋放在同一个篮子里。于是,她拿出一部分资金去做高风险高收益的投资,另外一部分资金则是做一些比较长期且收益平稳的投资。

双管齐下的投资方法,让周周在30岁之前就已经买了房子和车子,并且有一大笔准备养老的存款。

周周出身于一个理财观念十分保守的家庭中,她从小并没有受到任何理财方面的启发,但是随着自己身边的环境不断变化,她也尝试着接受一些理财知识,并且敢于尝试理财投资。最终,周周年纪轻轻就赚到了很多钱,并且为自己存了一大笔养老金,确保自己老的那一天,依旧可以过上轻松自在的生活。

谁都想过优渥的生活,但是理财的精神才是过物质生活的基础。懂得理财知识,才能够拥有想要的物质生活。理财投资不仅仅是将金钱放在某一个投资项目上,看着真金白银一点点儿增长。投资也可以是给自己进行"充电",丰富自己的内在,提升自己的赚钱能力,为以后赚更多的钱打下基础。

理财思想不能过于保守,要学会吸取周围人的经验,听取周围人的意见。有句话叫作"听人劝,吃饱饭",千万不要觉得自己的理财方法就一定是对的,理财的道路上太固执,只能让自己多走弯路。

女人在年轻的时候,应该多给自己投资,不断努力让自己进步,这对以后的事业发展以及财富累积也是非常有帮助的。

女人要有未雨绸缪的意识,在自己还有能力赚钱的时候,就应该多让钱生钱,为年老的自己多存一点儿养老金。今天积累的财富是明天养老的资本,所以理财要趁早,懂得理财的女人才是聪明的女人。

最重要的不是收入，而是理财的方法

有些女人常常会抱怨钱不够花，无论每个月赚多少钱，都感觉好像捉襟见肘，这究竟是为什么呢？总感觉自己的钱不够花，不是因为赚钱能力不够，而是因为根本就不会花钱！

也许很多人会说："我的钱已经明显不够花了，你怎么还说我不会花钱呢？"事实上，决定钱多钱少的并不是收入，而是你的理财方法是否正确。为什么有些人每个月赚几万块钱，可是一年到头都没什么存款，而每个月赚几千块钱的人，到头来却可以买房、买车呢？这足以说明，赚钱的多少并不是有钱没钱的决定因素。

现如今人们张口闭口都是如何理财赚钱，可是理财究竟是什么呢？很多人将理财的目标看得很高，也将理财的知识理解得十分深奥。觉得能够配得上"理财"两个字的，一定都是以"万"来做计量单位的投资。岂不知，理财的门槛并没有那么高，理财投资也并不是非要以万来作为计量单位，理财应该从百元开始。

一些收入并不是很高的人，觉得自己每个月只不过几千块钱的收入，根本谈不上什么理财不理财的，这种心理就是错误的。其实，正因为钱少才更要理财，如果钱少都不理，那么钱又有什么机会变多呢？财富是需要积累的，而不是天上掉馅饼，一下子就可以一夜暴富。积累财富自然要从小钱做起，如果刚刚接触理财知识，不妨先从一些比较平稳的理财产品入手，先感受一下理财带给自己的乐趣。

通常人们都是在见到回报之后，才会体会到理财的妙处，所以不妨先让自己尝一点甜头。当自己手里有一部分资金的时候，如果你的年龄还比较年轻，可以尝试一些高风险高回报的理财方式，但切忌让自己"伤筋动骨"。任何时候，理财投资都应该给自己留一个翻身逆袭的机会。

依兰和乐怡是一对同父异母的姐妹，两个人年龄只相差两岁，感情十分要好。依兰作为姐姐，在生活中总是会照顾妹妹乐怡。依兰的性格沉稳，从小就喜欢学习，而且对数字十分敏感，大学时期就已经开始接触理财知识了。乐怡的性格大大咧咧，从小比较顽皮，喜欢过随性自在的生活，完全没有理财意识。

大学毕业之后，两姐妹各自找到了自己喜欢的工作，依兰在一家公司做白领，而乐怡在朋友开的一家酒吧里做经理。乐怡的工资很高，但是她却是一个彻彻底底的"月光族"，有些时候甚至还没有到月底就已经囊中羞涩，只能打电话给姐姐求助，让依兰资助自己接下来的生活费。

依兰每个月的工资只有4000多元，但是每个月的实际收入却远高于这个数字，算是一个隐形的小富婆。这是因为依兰在工作之余，还经常与同事和朋友讨论理财知识，并且不断运用自己懂得的理财知识进行投资。她每个月单单靠理财赚到的钱，就是工资的几倍。妹妹乐怡的工资是姐姐依兰的两倍还多，可是她不具备任何的理财知识，所以再高的收入也只能坐吃山空。

两个表面看上去收入不在同一条起跑线上的人，实际上收入低的那个人却是个隐形的富婆，而收入高的反而成了"伸手族"，这就是理财改变人的命运，也是理财的神奇之处。

理财不仅仅体现在投资上，生活中的点点滴滴也都是理财的重点。很多人花钱如流水，这究竟是为什么呢？这是因为她们本身并没有得到满足，所以会不断花钱来满足自己对物质的需求。花钱的时候也应该注意方式方法，比如说女人想要购买一件价格比较昂贵的衣服，又舍不得花那么多钱去买，所以只能退而求其次，购买一件款式与自己心仪的衣服差不多，但是价格要低很多的衣服。虽然对物质的欲望可能会暂时得到满足，可事后往往女人还会心系自己喜欢的那件衣服，并且不断购买与其类似的衣服，企图满足自己的物质欲望。往往越是想要用"曲线救国"的方式来省钱的女人，到头来花的钱会越多。杂七杂八的买了一大堆之后，最后发现自己买的东西都不是自己最想要的，而自己最想要的还没有买到。这样算下来，倒不如直接花钱购买自己心仪的衣服更划算了。

没有理财意识的女人，不妨先养成记账的习惯。平时将自己的开销全部都记在一个本子上，看看自己究竟买了多少东西，这些东西当中又有多少是自己并不需要的，这样就可以避免乱花钱。

收入少的人，经过精打细算之后，同样可以让收入发挥最大化的作用。要知道钱永远都不是省出来的，而是理财理出来的。自己手里有点积蓄之后，千万不要浪费了这些积蓄的潜力，要让它们发挥最大的作用。将钱存在银行里吃利息并不是理财，也不会让你成为富翁，只有将钱放在理财投资上，钱才能够"活"起来，财富才能够越积越多。

课后总结

　　30年后的女人，同样也要活得精彩。时间可以丰富女人的经历，也可以改变一个女人的生活方式。聪明的女人善于理财，而且更加懂得经营自己，有主见，敢于尝试，才能够让自己积累更多的财富。

　　也许年轻时的你还没有考虑过未来要过怎样的生活，但是相信没有人愿意过贫穷的日子。从现在起，你可以好好计划自己30年后的生活。将理财变成一种习惯，时刻想着如何让手中的钱滚起雪球。懂得理财的女人到老了才不会为了钱而奔波。

第三课

靠人人跑,财务独立才是真正的独立

> 不少女性都宣称自己要做一个"独立"的女人,因为独立的女人无论是在职场还是在婚姻生活中,都是非常自由的。不要做一个嘴巴上嚷嚷着要"独立",而财务上却依靠他人的女人。

靠山山倒，靠人人跑，只有靠自己最好

女人们常常会说："嫁汉嫁汉，穿衣吃饭！"这句话让很多女人觉得自己嫁给男人，就应该过着衣来伸手饭来张口的日子。岂不知，并不是所有的男人都会心甘情愿地去养活一个四体不勤的女人。尤其是在金钱方面，如果一个女人过分依赖一个男人，在某种程度上她就会失去生存能力，而完全依赖于他人。

在生活中，依靠男人的女人更加敏感，只要男人稍微有点变化，女人立刻就会紧张不已，而这种过分敏感的举动，往往会给婚姻生活埋下很大的隐患，长此以往，男人就会觉得生活过得压抑。通常来说，一个全职太太承受的压力要比职场女性大很多。

家庭的矛盾往往都来自夫妻双方的不理解，很多婚姻关系破裂的家庭，夫妻双方都对对方有着很大的怨念。女人会埋怨男人不够关心自己，而男人则会埋怨女人不够体贴只会要钱。归根结底这些矛盾的根源都是钱，如果女人不用朝男人伸手要钱花，那么男人自然不会因为总要赚钱养家而抱怨，而女人也不会因为每天需要做一些在男人眼中看不到的"家务"而累到精疲力竭。

女人如果的财务能够独立，有自己赚钱的能力，即便男人不给钱，同样有钱做想做的事情，完全不用看男人的脸色，生活也会格外自由。

生活中也许大家看多了婚姻中的分分离离，可是如果仔细观察就会发现，往往全职家庭主妇的家庭离婚率会比夫妻俩都有自己的事业的家庭更高。一方面是因为女人没有赚钱的能力，另一方面是因为两个人之间的差距越来越大。虽说男主外女主内是中国人的传统家庭观念，但是现如今人们的思想不断进步，人人都需要有一个属于自己的朋友圈。如果夫妻双方的社交圈相差太多，两个人在生活中也会渐行渐远。

露露原本是一家公司里的设计师，在工作过程中结识了现在的丈夫，两个人很快就结婚了。婚后不久，露露就怀孕了。丈夫让露露在家待产，于是露露辞去了工作，在家里做起了全职太太。日子一天天过去了，露露慢慢适应了家庭主妇的生活。

露露没有经济来源，家庭开支全部都要由丈夫承担。虽然丈夫每个月收入都很高，露露也过着衣食无忧的生活，但是她的婚姻生活并不像外人眼里看着那么幸福。随着宝宝的出生，露露每天需要做的家务活越来越多，除了需要带孩子，还需要打扫卫生、做饭、洗衣服等等。

一天晚上，露露刚刚把孩子哄睡，准备自己也早点儿休息，醉醺醺的丈夫就回来了。他说："给我做点儿饭吃，我今天晚上净喝酒了，一点儿饭都没吃，现在好饿。"可是露露也累了一天，此时此刻她一点儿都不想动，只想早点儿睡觉。见露露没有给自己做饭的意思,露露的丈夫一下子就发火了,他大声对露露说:"你一天在家什么都不做,也不用去外边挣钱养家,难道连给我做顿饭都不肯吗?"

露露被丈夫的话深深刺痛了,因为丈夫完全没有看见她的努力,更没有看见她存在的价值。露露收起自己的眼泪,下厨房给丈夫做了一顿丰盛的晚饭。第二天一早,露露就让丈夫给婆婆打电话,让她过来帮忙带孩子。自己则收拾打扮一番,出门找工作去了。此后的日子里,露露不再当全职家庭主妇,更不是将家务活全包。她开始努力工作赚钱,拥有了一份自己的事业,还有一份不菲的收入。从此以后,露露的丈夫再也没有说过嫌弃露露的话,反而逢人就说自己的老婆有多么能干。

露露原本并不是一个家庭主妇,她为了家庭而牺牲自己的事业,甘愿成为男人背后的女人,可惜的是她并没有真正做到男人背后的女人应该做的事情。男人背后的女人不仅仅是一个只会做家务活的女人,还是一个独立的女人。财务不独立的露露变得十分敏感和不安,所以在丈夫说了那番话之后,她决定自己还是要做回原来的自己。没想到,有了自己的一份事业的露露,不仅没有激怒丈夫,反而让丈夫觉得十分自豪。露露的丈夫之所以态度转变如此之快,是因为露露变得独立,给自己带来了一种"可有可无"的危机感,所以他才会更加依赖露露。

靠男人的女人一心想着"不要被男人抛弃",不靠任何人的女人则想着"我不怕被抛弃",所以两种女人的生活状态也会截然不同。如果不想过寄人篱下的生活,就得具备凡事靠自己的心理。

没有人会不嫌弃只会伸手要钱花的女人,即便你的家务做得超级好,男人也不会认为养这样一个女人很超值。

如果不想被男人嫌弃,就让自己独立一点儿。无论什么时候女人都要有赚钱的能力,要有自信养活自己,让自己变成一个需要被依赖的人,让别人对你产生"不要抛弃我"的想法。女人应该自信一点儿,不要觉得自己是软弱无能的,要知道很多女性在做家庭主妇之前,也是独当一面的女强人。不要让家庭磨掉你对事业的野心,更不要因为男人有能力养活自己,就让自己失去养活自己的能力。

70%女人认为财务自由带来幸福

每个人都想要拥有幸福,而对于女人来说,最大的幸福是什么?答案不是美满的婚姻,也不是爱自己的丈夫,更不是有个聪明伶俐的孩子,而是"自由"。

相信自由对于每一个人来说都是一件幸福的事情,可是女人想要获得自由却非常难。生活中可以牵绊女人的事情太多,比如说照顾老人、照顾孩子、照顾家庭、照顾丈夫等等,似乎女人身边的每一个人都需要照顾,唯独女人自己不用照顾。女人总是会因为生活中的林林总总而失去应该有的自由和幸福,可是有些女人却因为有赚钱能力而将失去的自由找了回来。

有70%的女人认为财务自由会给自己带来幸福感,这一点相信很多女人都深有体会。有钱的女人更有资本去任性,没钱的女人生活中则充满了无奈与忍耐。

做任何事情都需要有本钱才行,如果没有本钱,想做什么都只是纸上谈兵而已。没钱只能原地踏步,只能让梦想存在脑子里,让梦想永远只是梦想。女人都应该拥有赚钱的本事,找到赚钱的途径。只有财务自由,女人才能够体会到自由的生活,才能够在生活中寻找到属于自己的幸福。

朵儿大学时学习的是服装设计专业。毕业之后，朵儿一直想要成立一间属于自己的服装设计工作室，可是男朋友却一心想要买房结婚。两个人一直为这件事情争执不下，男朋友觉得朵儿的想法不切实际，而朵儿觉得那是自己的理想，不去试试总觉得有些遗憾。

虽然男朋友极力反对朵儿自己成立工作室，但是无奈朵儿的钱一直都是自己保管，即便他心里有一百个不乐意，还是无法阻挡朵儿成立工作室的做法。

两个人因为成立工作室的事情闹得不可开交，最终两个人分道扬镳。朵儿与男朋友分手之后，并没有一丝一毫的后悔，相反她觉得男朋友不能理解自己，而且也不支持自己的梦想，与其与这样的男人过一辈子，倒不如有一份可靠的事业。就这样，朵儿全身心地投入了创业中去，很快就成功设计出了属于自己风格的服装品牌，并且拥有了属于自己的潮牌服饰。

两年之后，朵儿的潮牌吸引了大批的粉丝，销量也一直遥遥领先。现如今朵儿拥有属于自己的一间设计公司和服装公司，自己做起了CEO，自由的生活让她倍感幸福。

朵儿一直有自己的梦想，就算男朋友反对她创业，她还是坚持要做自己喜欢的事情。最终，朵儿虽然失去了爱情，却收获了一份不错的事业，成了一个让人羡慕的女人。朵儿的财务自由，所以她才能够想做什么就做什么。相反，如果朵儿是一个财务不自由的女人，那么她想做自己的事业时，根本拿不出钱来，那也就没有今天这个成功的朵儿了。

女人做自己想做的事情,并且在做事情的同时赚取财富,才会获得更大的自由感和成就感。事实证明,有些事在别人眼中看起来很困难,但是如果你擅长且喜欢做这件事,自己努力做起来也会感觉十分容易。不要觉得理想很难实现,你之所以会觉得有难度,是因为在你的心里已经给完成梦想设置了一道坎,有了这道坎的存在,事情自然而然就难了。

女人只有做自己想做的事情,才会感觉到幸福。而想要做自己想做的事情,首先要财务自由,不要让自己的财务受人管制,才有资本去完成自己想做的事情。其次,女人一定要有梦想,不要觉得自己的生活衣食无忧就可以了,因为生活并不一定一成不变,尤其是婚姻生活的变数非常多,千万别把自己的婚姻看得太牢固了。最后一点,不管你有没有赚钱能力,都要将钱牢牢地握在自己的手上,这样你就等于掌握了自由和幸福。

很多女人觉得自己被束手束脚,其实并不是自己的牵绊太多,而是自己的财务不自由。女人单身也好,结婚也罢,都要坚持财务自由,不要将自己的财政大权交到别人的手上。财务在生活中就好像是一条无形的锁链,谁牵着锁链的一头,谁就有主动权。女人自己掌握财务,自由就在自己的手上。想做一个自由幸福的女人,就从现在起好好把握自己的财政大权。

像有钱人一样思考

一个女人想要成为有钱人,首先必须要拥有有钱人的思维才行,一定要站在有钱人的角度上去思考问题。别人之所以会成为有钱人,并不是他们有什么过人之处,而是他们拥有了一个正确的理财思想。

一些人不理解,为什么世界上会分有钱和没钱两种人,而自己为什么偏偏就是没钱那个阵营的呢?

其实看一个人是否有钱,并不是看她拥有多少资产,而是看他用钱的方式。一个人的理财观念,决定了他究竟是有钱人还是没钱的人。

想做一个有钱的女人,首先脑子里要有一个有钱人的思维方式,为自己制定一个赚钱的计划,并且认真按照这个计划去完成,最终你就会是一个有钱人。

也许有人会说,赚不赚得到钱是一个人的命运,可是命运是由自己来掌握的,并不是老天爷决定了你的命运。如果将赚钱看成一场游戏的话,那么说它是一款益智游戏更加合适,因为它用的是人的脑子里的想法，而不是单纯的体力劳动。有钱的女人会将眼光放在机遇上，而在没钱的女人眼中，赚钱的道路上全是障碍。一个女人的内心想法，决定了她究竟是有钱人还是没钱人。

有钱的女人玩这场金钱游戏的时候，心里想着"我要怎么赢这场游戏"，而没钱的女人在玩金钱游戏的时候，心里往往都会想着"我要怎么不输掉这场游戏"。一个是努力拼搏赚钱，一个是原地守住老本，两种不同的心态，决定了女人赚钱的能力，也决定了女人的命运。

有钱人和没钱人在思考同一个问题的时候，会有两种截然不同的思维方式。

有一个有趣的故事，讲的是两个欧洲的商人到非洲贩卖皮鞋，结果他们刚到非洲的时候发现，当地人都是光着脚走路的，竟然没有一个人穿鞋子。其中一个欧洲人表现得非常失望，他觉得当地人都是光脚走路的，所以没有人会买他的鞋子，立刻决定放弃非洲市场，打道回府。另一个欧洲人则有着完全不同的想法，他见到非洲人都不穿鞋子，非常高兴，因为在他的眼里，没有人穿鞋就证明他们更需要鞋，于是他决定留下来推销自己的鞋子。

最终，早早打道回府的欧洲人在非洲一无所获，还搭上了自己往返的路费。另外一个欧洲人看准了非洲这块市场，坚持留下来推销皮鞋，结果他的皮鞋十分畅销，他也赚得盆满钵盈。这两种人的思维方式完全不同，做事的结果也完全不同，所以说想要成为一个有钱人，必须要像有钱人一样思考才行。

丽萨与珍妮合伙开了一家服装店，但是生意一直都不见起色，于是丽萨提议要更换服装的风格,在风格的选择上,丽萨与珍妮发生了冲突。丽萨觉得应该卖一些高档的服饰,而珍妮觉得应该卖一些价格低廉的服饰,薄利多销更容易赚钱。由于两个人的意见一直都得不到统一,最终两个人分道扬镳。

与珍妮分开之后,丽萨在当地一个黄金地段开了一家高档服饰的专卖店,而珍妮则选择在当地人群最多的闹市区开了一家平价服装店。一段时间之后,两个人再次见面,丽萨与珍妮的状态就完全不同了。丽萨穿得光鲜亮丽,手里拿着一个名牌包包,显得十分高贵优雅,而珍妮则穿了一身地摊货,腰间还挎着一个收钱的腰包,看上去活脱脱一个地摊小贩。

丽萨开的服装店,虽然不像珍妮开的服装店那样门庭若市,但是卖的每一件衣服所得的利润,都要比珍妮累死累活卖一天赚得还多。

丽萨与珍妮思考问题的角度不同,丽萨觉得高端的衣服才能够吸引有钱人来购买,才能够赚到更多钱。珍妮则觉得,投资那么多钱装修一个店铺,又进那么多高档的衣服,如果卖不出去,就会赔很多钱。

虽然赚钱之前需要投入很多,但是回报也非常大。相反,你不想付出,就想要得到丰厚的回报,是绝对不可能的。想要成为一个有钱的女人,必须要在思考问题的角度上有所变化,要让自己的思维方式向有钱人靠拢,经常与有钱人打交道,同样会得到赚钱的经验。

女人可以根据所掌握的资源和自身的优势,找准自己想要达到的目标,并且找到适合自己做的事业。

　　无论如何,一个女人必须要有创业的精神,要有敢想的精神,并且要敢于实践,光想不做充其量只能做空想家。想要成为有钱人,一定要不安于现状,并且舍得付出,遇见困难不要退缩,要勇于面对逆境。

趁年轻提高自己的身价

女人最应该投资的就是自己,尤其是年轻的时候给自己投资,随着年纪逐渐增长,获得的收益会更大。很多女人觉得给自己买漂亮的衣服,或者让自己学一点才艺都是在自己身上浪费钱,岂不知这些"浪费"在自己身上的钱,最终都会以金钱的方式回到自己的手中。

女人的身价决定了女人究竟有多大的"前途"。为什么有些女人成了让人羡慕的白富美,而有些女人却只能傻傻地做一个村姑呢?有些村姑的长相并不比白富美差,可是为什么就不能过白富美一样的生活呢?这是因为她们的身价不同,身价的差异决定了她们生活上的差异。

提高自己身价的方式有很多种,丰富自己的阅历,学习更多的知识,将自己打扮得漂漂亮亮的,这些都是提高自己身价的手段。女人给自己投资,就等于积累自己的优势。

文文从小就是父母眼中的乖乖女、老师眼中的好学生、同学眼中的学霸。一路走下来,文文拿到了很高的学历,也考得了不少的奖状、证书，可是这些并没有给她带来精彩的人生。

大学毕业之后，文文戴着一副接近500度的大眼镜，头发还是蓬乱不堪，体重也超过了130斤，整个人看上去就跟电视剧《丑女无敌》当中的林无敌差不多。文文虽然有着优异的成绩，却一直找不到称心如意的工作。

刚刚参加工作的文文，简直就是职场中的受气包，公司里的同事，但凡是能够欺负她的，都会毫不犹豫地欺负她一下。文文一直想不通，为什么自己的成绩那么优异，工作的时候却不如一些学历不如自己的人呢？后来，文文发现了，办公室里那些穿得漂亮、身材姣好的女孩，即便工作中有一些小差错，在领导面前撒个娇就能既往不咎，相反自己只要有一点儿小错，领导就会抓住自己不放，甚至将自己的错误放大，当成公司里的典型。

文文意识到，如果不改变的话，自己将永远都看不到生活的希望。从此以后，文文开始注意自己的形象，她摘掉了自己的眼镜，改戴隐形眼镜。她开始努力减肥，每天坚持锻炼身体，很快她的体重就降下去了。

过去文文总是舍不得花钱买衣服，现在的她跟过去截然不同，每个月都会拿出绝大部分的工资去购置新衣服、新鞋子、化妆品。短短的半年时间里，文文的变化简直可以用脱胎换骨来形容。文文现在的体重不足100斤，高挑的身材，加上大波浪的头发，让她散发着女人的魅力。

文文外表上的变化，让她的生活也渐渐起了变化。随着文文越来越美，办公室里的同事也开始慢慢与她成了好朋友，就连公司的领导也不找她的麻烦了。后来，文文成功跳槽，去了一家更大的公司。凭借着文文的高学历，未来她将有更大的晋升空间。

不得不说文文的蜕变就好像是现实版的丑女无敌一样，而她的最终结果也同林无敌一样，成功从一个"万人嫌"变成了一个"万人迷"。而文文的努力只有一个目标，那就是努力地改变自己的形象。其实，文文的这种做法，就是在提高自己的身价，让自己从一个平凡的女人，变成了一个让人瞩目的女人。

生活中有很多女人都会羡慕那些看上去光鲜亮丽的女人，可是你为什么要羡慕她们呢？要知道"世界上没有丑女人，只有懒女人"。只要你认真打扮，你同样可以变得很美。美丽的形象是女人最好的资本，所以不要吝啬你的钱，更不要觉得钱花在自己的身上就是浪费。要知道，你的身价提高，你的钱途也就无限了。

女人除了要提升自己的外表，还要提升自己的内在，千万不要只做一个花瓶。因为漂亮的容颜只是一时的，也许女人年轻的时候，容貌娇美可以让人对你另眼相看，可是谁都会有老的一天，如何让自己在变老的时候，还能够让人喜欢你，还能够继续赚到钱，那就需要有一个货真价实的内在才行。

如果你已经拥有了漂亮的容颜，那么你需要做的就是丰富自己的内心，提高自己的身价，这是一个长远的投资。女人一生最大的悲哀莫过于，年轻的时候有体力但是没钱玩，到老了有钱了，可是没有体力去玩了。同样道理，如果女人在年轻的时候不好好打扮自己，让自己变得更加美丽，到了老的时候，即便有机会好好打扮自己了，自己也不会变得更美。

投资自己也是一种变相的理财,这种理财方式与投资股票、创业都不同,因为它不会让你立刻看到金钱的回报,但是投资自己获得的回报却是一劳永逸的,这些回报要比你投资任何项目都值得。当然,拥有美丽的外表还只是其一,女人还需要拥有时尚的眼光以及对投资理财的意识,只有不断累积这些经验,身价才会不断上涨。

年轻的女人现在拥有多少金钱并不重要,重要的是拥有了多少赚钱的资本,用小钱来投资自己,将来的收益比投资任何项目都可观。

女人要有挣钱的欲望

提到对金钱的欲望，很多人都会觉得庸俗，如果女人说"我喜欢钱"，往往会成为众矢之的，并且被人称为"拜金女"。其实，女人对金钱有欲望没有什么不好，但是要懂得用正确的方式去赚钱才行。

女人拥有多少钱，跟这个女人心地是否善良、人品是否端正没有任何关系，而且两者之间也没有任何矛盾之处。千万不要觉得一个女人努力挣钱，就说明这个女人太庸俗了，因为现在很多有钱的女人都在做慈善，她们努力挣钱难道庸俗吗？世界上让人佩服的人就是那些肯努力挣钱，又肯用钱去帮助别人的人，她们赚钱却不会因为有钱而沉溺在物质享受当中。

女人在找男朋友的时候，如果只顾着对方究竟有多少钱，而不问对方的长相、年龄，往往就会遭到人们的质疑。我们都是普通人，身边的人也通常都是现实主义者，现实主义者就需要看到现实中的东西，所以女人必须有挣钱的欲望，挣钱的多与少要以满足自己的物质需求为标准。女人千万不要缺钱，因为钱在某种程度上可以给女人带来安全感和自信。

琳达在大一的时候就喜欢上了高一年级的一位学长,她勇敢地向对方表白,而对方也接受了她,就这样,浪漫的校园爱情拉开了帷幕。琳达和男朋友恋爱期间十分甜蜜,琳达觉得自己找到了这辈子的真爱,将来毕业之后一定要嫁给他。

大学期间,别的同学都在忙着打工赚钱,而琳达却忙着谈恋爱,她从来没有打工赚钱的欲望,所有的生活开支也都是由家人来支付。一转眼,琳达的男朋友毕业了,而琳达还在校园里读书。琳达的男朋友在找工作的过程中屡屡碰壁,他原本打算回老家,却禁不住琳达的一再挽留,就留下来继续寻找工作机会。在此期间,琳达的男友没有任何收入,所有生活开支都由琳达来支付。即便是这样的处境,琳达依旧没有赚钱的欲望,还指望着自己的父母来帮自己承担这份生活开销。

在琳达毕业之前的这一年时间里,她跟男友的相处模式渐渐发生了变化。男友因为没有找到适合的工作,整天窝在家里玩网络游戏,只靠着琳达的接济,完全没有了要去找工作的想法。而琳达自己不能赚钱,生活来源全部依靠家人,她和男友两个人的花销让琳达一家人也不堪重负。最终,琳达望着只会坐在电脑桌前的男友,只能选择与他分手。

分手后的琳达改变了原有的生活状态,她不再依靠家人,开始自己努力赚钱,并且与同学合伙创业,最终凭借着自己的努力,成了一个有钱的女人。

大学期间的琳达还是一个理想主义者,她觉得有爱情就够了,面包家人会给的。可是随着时间的流逝、与男友交往的加深,她渐渐发现自己的男友并不是一个值得托付终身的人。也许很多男人都会默默地骂琳达一句"拜金女",可是琳达看似拜金的背后,其实是一份哀伤。一个男人值不值得女人嫁给他,要看他是否有能力养活女人,是不是有一份作为男人的责任心。

女人自己要有挣钱的欲望,不要觉得我可以依靠家人,我可以依靠男人,其实你谁都依靠不了,你唯一能够依靠,而且能够靠得住的只有你自己。有些女人会觉得自己的日子过得不缺吃不少穿,过得很知足了。这种思想其实是非常可怕的,因为这类女人没有了挣钱的欲望,所以她们最终也无法成为有钱的女人。

做女人就应该做一个永不"知足"的女人,对于钱要有追求,要培养自己对钱的追求,可以给自己先设立一个目标。这个目标可以是银行卡上的一个数字,也可以是一件漂亮的衣服、一个自己喜欢的包包,也可以是一栋洋房等等。总之,女人必须要给自己设定一个努力的目标,让自己拥有一个前进的方向,激发自己对金钱的欲望。不要觉得对钱有欲望的人是可耻的行为,因为大家毕竟都是凡人,生活还是现实一点儿的好。

课后总结

女人无论在什么时候，都要坚持财务独立。

女人没有理由必须要依靠男人，女人最好的依靠是自己才更幸福。

女人想成为一个有钱人，必须要像有钱人一样思考问题，你才有机会成为一个有钱人。

年轻的女人不要忘记不断提升自己的身价。

挣钱不是一件坏事，更不是一件可耻的事情，相反，没有了挣钱的欲望，不具备赚钱的能力，才是被人瞧不起的事情。

第四课

理财第一步,从强制储蓄开始

> 理财不是省钱的过程,但是当经济实力支撑不起自己想买的东西时,强制储蓄,是理财的第一步。没有节省的概念,是永远不会赚钱的。

不要低估储蓄的威力

储蓄并不会让人立刻成为有钱人，却能让人养成一个存钱的好习惯，是增加财富的主要方式之一。一些人在月初发工资的时候，花钱大手大脚，就好像钱花不完，可是到了月底的时候，甚至还没到月底，就已经把钱花了个干干净净，在下个月的工资到来之前只能勒紧裤腰带。当你觉得自己钱留不住的时候，不妨在月初的时候，先预留出一部分工资，将钱存在银行里，这样就可以有效控制自己花钱的速度。当然，存在银行里的这份钱并不是让你月底拿出来花的，而是一直存在银行里不要动，这才叫作储蓄。

生活中存在着很多变数，尤其是女人的生活中变数会更多。如果女人心甘情愿做一个"月光族"的话，将来总有一天会因为钱而犯愁。养成储蓄的好习惯，可以在自己失业、生病等意外时刻对生活有一定的保障，让自己不至于在没有经济收入的时候，陷入生活的窘境。有了一定的储蓄之后，女人做任何事情都会显得底气十足。工作中遇见不顺的时候，再也不用考虑辞职之后会不会流落街头，在职业的选择上就有了一定的自由，储蓄是女人给自己留的一条最可靠的后路。

如果你不具备丰富的理财知识,又对理财产品一窍不通,那么不妨先将理财的目光放在储蓄上,让自己先有一定的积蓄。

辛迪在一家百货公司上班,每天接触最多的就是公司里琳琅满目的商品,不得不说这项工作对于辛迪来说是一项不小的挑战。因为辛迪是一个彻头彻尾的购物狂,每次发工资,她都会忍不住将工资的80%用来购物,剩余可怜的20%用来吃饭。

每个月发工资之后的几天,辛迪都过着贵妇一样的生活,可是不出一个星期,辛迪过得就好像女仆一样,就连吃顿饱饭都成了一种奢望。辛迪对自己的这种生活方式极度不满意,但是无奈自己想改却改不掉乱花钱的毛病。后来,辛迪给自己定下来一个硬性规定,强制自己每个月都存一笔钱在银行里。

辛迪每个月的工资是4500元,她在每个月拿到工资之后,马上拿出1000元存在一个存折当中,并且将存折锁在抽屉里,在心里暗示自己这个存折里的钱绝对不能动。渐渐地,辛迪存折里的钱越来越多,而她也养成了定期储蓄的好习惯。

后来,一个好友建议辛迪自己创业,而辛迪由于平时对服装的流行趋势十分敏感,就打算开一家属于自己的服装小店。辛迪把银行里的钱取出来,很快就把店开起来了。因为辛迪能够把握市场的潮流趋势,因此店里的生意异常火爆。辛迪在收入增加的同时,储蓄的金额也有所提升,为自己储蓄了不少的备用资金。

辛迪没有养成储蓄习惯之前,是一个不折不扣的"月光族",而"月光族"的日子并不好受。不过好在辛迪后来意识到了自己不能继续过"月初撑死,月末饿死"的日子了,所以她开始养成强制储蓄的习惯。也因为有了这个习惯,让她最终有了创业的资本。

对于一些刚刚接触理财概念的人来说,储蓄绝对算得上是一个最稳妥的理财方式,不过大家千万不要将理财与发财画上等号。不少对理财概念还不太了解的人,常常会将理财与发财联想到一起,觉得只要学会了理财,自己就离发财不远了,甚至觉得理财可以让自己一夜暴富。理财与储蓄不同,储蓄风险非常小,当然收益也少得可怜,而理财就不同了,理财是可以让钱生钱的一种方法,但是其中也存在着不小的风险。因此,对于理财新人来说,对待金钱一定要谨慎小心,否则很容易让辛苦赚来的钱付诸东流。

如果对理财市场还不是很了解,建议大家还是从最简单的储蓄开始,储蓄可以帮助人们积累一定的财富,也是理财新人最好的选择。无论你的工资有多少,每个月都要根据工资的比例拿出一部分存起来,而且保证这部分资金只进不出,一段时间后你会发现,这笔原本看上去并不起眼的小钱,日积月累之后也变成了一笔可观的财富。

复利的魔力，财源滚滚而来

说起"复利"这个词，相信有一部分人根本不了解是什么，其实复利就是复合利息，也被人称为"利上加利"。复利是指一笔存款或者投资在获得回报之后，连本带利进行新一轮投资的方法，所以复利实际上就是每年收益后还继续产生的收益，也被人俗称为"利滚利"，这种投资的魔力在于，它的利息不断增长，可以让财源滚滚来。

复利被爱因斯坦称为"世界上第八大奇迹"，所以任何一个精明的投资者，在复利与单利之间进行选择时，都会选择复利来进行投资。如果你在存款的时候，直接选择了自动增长本金，那么过一段时间你再来看你的存款时，会发现你的存款数额增长的速度比预期的快很多。复利可以通过持续增长的比率让资金快速增长，在投资的时候，复利是绝对要考虑的一种投资概念。与此同时，复利还是一把双刃剑，当人们负债的时候，复利的概念就变得可怕了，"利滚利"的利息计算方式很容易让人负债累累。

关于复利最有名的的故事，莫过于巴菲特讲过的一个小故事。

他讲道:"在1626年的时候,米纽伊特总督只用了一个价值24美元的饰物,就从印第安人的手中购买到了纽约市曼哈顿岛22.3平方英里的土地,而这些土地到了1964年的时候,价值已经超过了125亿美元。"这个故事乍一看好像是一个非常成功的投资案例,可是如果对投资知识更了解的人应该知道,这场投资里真正的赢家根本不是米纽伊特总督,而是收了价值24美元饰物就将土地卖掉的印第安人。

也许很多人不理解,明明是印第安人在这场交易中吃亏了,怎么到头来变成了印第安人成了最终赢家呢?这是因为,在这场交易当中,印第安人只要能够取得每年6.5%的投资收益率,就可以成为笑到最后的那个人。因为根据复利的算法,印第安人当初拿到的24美元,经过了338年的时间,一直到1964年,24美元就会增值到420亿美元。这样算下来,是不是觉得还是印第安人赚大了呢?

20年前,20多岁的梁音开始接触股市。当时她手里并没有多少钱,一心想着要保守一点儿,所以她不敢像其他朋友一样,购买一些回报高但风险也很高的股票。她投资的思想是非常保守的,只想着投资一些涨幅比较小,但是会持续增长的股票。

由于梁音的股票并不是什么波动较大的股票,况且梁音也只不过投了区区5万块钱而已,所以她投完之后,根本就没有在意股票的涨跌,更没有去过问自己购买的股票究竟发展得怎么样。日子一天天过去了,梁音似乎已经将自己买股票的这个事情忘记了,结果一晃十几年过去了。梁音在这段时间里,结婚生子,而且现如今儿子都已经读高中了。

　　一次梁音跟朋友聊天，朋友问起梁音购买的股票怎么样了，梁音才想起自己之前购买了股票。可是这么多年过去了，梁音一直没有关注，也不知道自己的这份投资还在不在了。心血来潮的梁音立刻去了证券公司，结果她在得知自己股票的情况之后，整个人都惊呆了。

　　梁音没有想到，自己这么多年都没有管理的股票，竟然从当初的5万元，变成了现在的300多万元，她也一下子从一个普通的家庭妇女，摇身成为一个拥有百万身价的富婆了。梁音整个人都非常晕眩，她不知道自己为什么会赚那么多钱。后来有人告诉他，之所以她的5万块钱会变成300多万，是因为复利让她的财富越滚越多。

　　梁音的经历就如同一夜暴富一样，她这么多年在投资上似乎没有出上任何一把力，却拥有了巨大的财富，这财富的背后就是看着不起眼的复利起到的作用。复利能够发挥巨大的作用，主要有两方面原因，一方面是收益率，另外一方面则是时间。

　　收益率决定了复利的魔力有多大，收益率越高，复利发挥的作用越大。时间也是投资者最好的朋友，投资的时间越长，复利的增长越可怕。如果投资的时间是一年的话，复利的增长幅度非常小，甚至会让人感受不到复利的好处究竟在哪里，但是随着投资的时间越长，复利也会渐渐发挥出自己的作用。

　　复利究竟有多大的魔力呢？我们不妨来算一笔账。假设投资10万元，长期复合收益率为15%左右，投资时间设定为50年，那么50年后的这10万元将会增长到1亿元,收益率将达到1000倍。相信通过这个举例说明,大家都会被复利的魔力所震撼。

女人在投资的时候,可以不考虑风险较大的投资项目,但是必须考虑复利的问题,也许这些看似不起眼的复利,就是让你成为有钱女人的台阶。男人经常会瞧不起女人,觉得女人投资目光短浅,只能够看见眼前的蝇头小利,这是因为女人不懂得复利的概念。作为一名精明的投资者,不要因为看不到眼前的利益而放弃,要知道眼前的利益多是蝇头小利,而长远的利益才是财富的保障。

教育储蓄，宝贝计划要趁早

现如今想要将一个小孩培养成一个大学生，其间需要花费的教育费高达数十万，这个数字对于普通家庭来说，并不是一个小数目，可是身为家长，这钱不得不花。眼看孩子一天天长大，作为父母最应该做的事情就是给孩子提前预留出来一笔教育经费。如果孩子将来考上了名牌大学，又或者有出国留学深造的机会，都可以用这笔提前存好的教育经费给孩子交学费。

现如今很多家庭中，女性的角色多为全职家庭主妇，面对只有一个人赚钱养家的局面，女人想要存钱就变得十分困难了。为了以后孩子上学的时候，不至于因为没钱而断送孩子的前程，建议各位女性朋友先给孩子提前存一笔教育储蓄，这样就不怕将来没钱供孩子读书了。

教育储蓄相比较普通的储蓄利息更高一些，而且没有个人所得税，所以不用担心利息被扣税。教育储蓄这种存款方式，是一种最基本也是最安全的储备教育经费的方法。教育储蓄的存款次数由存款人自己来决定，可以根据自己的收入情况来决定存款的金额究竟是多少，也可以与银行约定存款次数，确保可以在规定日期内，存够足额的教育储蓄金。

何冰与丈夫生活在大城市里，夫妻两个人虽然每个月的收入都超过万元，可是除去房贷、车贷以及小孩的教育经费之外，就所剩无几了。何冰的儿子今年已经读小学五年级了，再过几年儿子就要面临高考，一旦孩子考入大学，何冰和丈夫必须要拿出一大笔学费供孩子上学，可是眼下夫妻俩的这种生活情况，明显拿不出来孩子读大学的这笔学费。

由于何冰和丈夫平时工作都比较忙，两个人也没有什么副业，所以没有任何额外的收入。何冰一直想要给孩子存一笔上大学的学费，可是苦于每个月都存不下来钱，最终她选择了最保守也是最安全有效的教育储蓄。教育储蓄不同于普通储蓄，不需要缴纳个人所得税，利息和收益也比普通储蓄更高一些。此外，它还有一个优点，就是不需要有什么投资经验。

何冰简单地计算了一下，自己的儿子将来读大学大概需要5万元的学费，但是如果让她一下子拿出5万元是根本不可能的。银行的工作人员告诉何冰，其实教育储蓄并不需要一次性存5万元，可以设定一个5万元的目标，之后办理分期，在每个分期内存一部分钱在账户里，直到期满账户里存够5万元就可以了。将来孩子要读大学的时候，可以一下子将这些钱全部取出来，完全可以轻松解决孩子学费不足的问题。

其实，分期储蓄并不是很难，每个月的储蓄金额可以定在几百块钱。像何冰这样的家庭，每个月的收入超过万元，拿出来几百块钱用于储蓄还是完全不成问题的，所以何冰可以每个月拿出300—500块钱专门用于教育储蓄，这样一来不仅孩子将来有钱上学，也让自己养成了强制储蓄的好习惯。

教育储蓄相比其他储蓄有一定的优势，比如说利率上的优惠，无论是存的1年期还是3年期的教育储蓄，都可以按照同档次整存整取的定期存款利率来计算利息，而6年期则按照5年整存整取定期存款利率来计算。由此看来，教育储蓄虽然采用了分期存款的方式储蓄，采用了零存整取的存法，但却享受着整存整取的利息。此外，教育储蓄还可以免交利息所得税，如果加上优惠的利率利差，这样算下来，教育储蓄的收益会获得比同档次的任何一个储蓄种类都高25%的收益。另外，但凡参加了教育储蓄的学生，将来如果上大学时遭遇到没有钱的窘境，都可以优先办理助学贷款，不必为没有钱上不了学而苦恼。

教育储蓄存得越早，收益会越大，但是值得注意的是，教育储蓄要在孩子读小学四年级或四年级以上时才能够办理。虽然教育储蓄相比较其他理财产品更加稳妥一点，但是也有一定的弊端。教育储蓄的收益比较小，所以建议家长在孩子还没有读小学四年级之前，无法办理教育储蓄的时候，不妨先去尝试一些其他的投资项目，别让手中的钱白白浪费了生钱的机会。

教育储蓄只适用于接受非义务教育的在校学生，而且必须是就读于全日制高中（中专）、大学本科（大专）、硕士以及博士研究生的阶段，每个学习阶段的学生可以享受一次2万元的教育储蓄的利息免税以及利率优惠。此外，很多保险公司也相继推出了很多有关孩子未来教育的险种。感兴趣的家长不妨多了解一些，为孩子创造一个有利的学习条件。

互联网时代，储蓄高收益秘诀

我们身处一个互联网时代，网络给我们带来了很多便捷，也让我们接收了很多信息。过去，如果女人们想买一条漂亮的裙子，又或者想要买一套自己喜欢的化妆品，不得不去商场里购买，如果遇见缺码断号或者缺货的情况，则必须等待商家再次进货才能够购买。如果商家进货自己还有机会购买，如果商家不补货，那就意味着自己买不到了。现在有了互联网，购物方式也与从前大有不同，人们可以通过网络来购买自己喜欢的东西，衣食住行的相关产品网络上样样都有。

互联网不仅给我们带来了消费上的便捷，而且还带给人们储蓄上的高收益。喜欢网购的女人也许了解，现如今有很多网络平台都相继推出了不少理财产品，自己的钱放在里面不但可以获得收益，而且收益要比放在银行的利息高很多。此外，现如今P2P与货币基金已然成了互联网理财的首选。统计显示，互联网理财产品的市场占有率已经从过去的66%，一路飙升至现在的90%，可以说互联网理财已经被大众所接受。

尝试互联网理财的人群中，80后和90后成了主力军，因为这个年龄段的年轻人喜欢上网，而且对互联网理财产品都有一定的熟识度。互联网理财产品之所以会受到80后和90后的喜欢，与其自身的周期短、收益稳定以及流动性高等特性是分不开的，这些产品特性恰恰适合年轻人的理财需求。

有些女性觉得了解各种理财产品太浪费时间，而且自己也不懂理财知识，担心自己因此遭受经济损失。其实，随着互联网时代的到来，理财也变得简单起来。只要巧妙运用互联网储蓄功能，同样可以轻松获取高收益。

凯蒂是一个活泼好动的90后，她拥有一个经营着各式各样漂亮衣服的网店。凯蒂原本是一个喜欢安静的宅女，之所以会开网店是因为她不想出去工作，网店便成了她最好的赚钱手段。

凯蒂的网店的生意一直不温不火，赚的钱也勉强够凯蒂每个月的开销。由于网店的生意并不太好，凯蒂有了很多业余时间，她便开始了解一些关于互联网储蓄方面的知识。后来，凯蒂将自己网店赚来的钱，直接存在网络平台当中，所得利息要远远高于银行的利息。由于凯蒂选择的网络平台都是一些国内知名的大型网络平台，因此她将钱放在里面也很安心，想用的时候同样方便，同时还可以随时转账。

凯蒂的做法看似平常，可实际上却为她赚取了不少收益。随着对互联网上的理财产品知识的了解越来越多，凯蒂也开始放开手脚，尝试着购买其他一些理财产品。她所投资的理财产品当中，有一些收益非常可观，这让凯蒂原本不多的钱越滚越多。最后，她每个月在互联网上投资理财产品的收益,都要比平时开网店的收益高很多。

凯蒂根据自己的性格,选择了适合自己的工作,还学会了利用工作的优势来合理投资赚钱,不盲目、不冲动。也许有些人会觉得通过互联网来储蓄是一件非常不可靠的事情,可实际上只要找到一个可靠的平台,互联网储蓄也未尝不可。互联网储蓄的收益可以随时看得到,里面的资金也可以随时转走。当然这里还要提醒一下大家,现如今也有很多骗子通过互联网进行诈骗,所以在网络上储蓄一定要多加小心,储蓄的时候一定要谨慎。建议尽量选择一些大公司的储蓄平台,对于一些收益高于正常标准的理财平台,大家最好不要轻易听信。

互联网储蓄的收益之所以高,是因为互联网储蓄实际上是一种货币基金。早在2013—2014年的时候,互联网上最火的产品莫过于互联网货币基金了,很多人都觉得这是一个不错的赚钱机会,可是到了2015年之后,央行调整了利率,因此互联网货币基金也受到了很大的影响。过去互联网货币基金的年化收益平均值可以达到6%,可是随着利率的下调,2015年,互联网货币基金的收益率则变成了3.6%。这个收益率这么说也许大家都没有什么概念,那么就给大家举一个简单的例子,假设在年初的时候花费了10万元购买互联网货币基金,到了年底的时候,收益大概可以达到3600元。而与过去的收益相比,现如今这个收益的金额只有过去的一半而已。

现如今很多互联网货币基金的收益率已经跌破3%,这意味着现在互联网货币基金的收益率和银行的收益率相差无几，购买互联网货币基金就等同于将钱放在了银行里，而互联网货币基金则变成了一个现金管理工具。过去将互联网货币基金看作赚钱方式的人，现如今也应该改变一下自己的理财方式，多寻求一些变化，多了解一些其他的互联网储蓄方式，这样才会让钱变得越来越多。

银行加息后,如何转定存最合适

当银行的利息上调的时候,相信很多人都会按捺不住,想要赶紧转存,希望可以获得更多的收益。每一次银行上调利息的时候,银行的营业大厅里都会挤满了人,每一个服务窗口前都会排起长长的队伍,可是银行加息之后,转存真的划算吗?

不少女性朋友只要知道银行上调利息了,第二天无论如何都会跑到银行办理转存,希望自己可以减少利息上的损失。谁都不希望因为调整利息而受到经济损失,但是转存不一定都是赚的。如果你办理的是银行的整存整取业务,如果提前支取自己的存款,利息的计算方式就会改变。提前支取存款的利息是按照每个月30天来计算的,按照这种方式算下来,一年的时间只有360天,这么算下来利息不是赚了,反而是亏了。所以说并不是银行上调利息后,转存都一定可以赚钱。

吴迪每个月都有稳定的固定收入,由于自己平时生活比较节俭,所以每个月都能省下一笔钱。她不太会用别的理财方式,就将省下的钱都在银行里存成定期。之前她一直都是零存整取,可是利息少得可怜，最后她干脆将钱转存为整存整取，这样一来利息就比之前高了很多。

吴迪工作两年来，共计存了5万元钱，她想着一次将5万元进行整存整取，这样利息算下来也有不少，于是她将5万元存了定期3年。可是，当吴迪的5万元钱在银行存了两年半的时间，银行的利率突然就上调了。这次调息让吴迪觉得心情很不爽，因为按照这个利息来算，自己如果现在用5万块钱做整存整取的话，利息要比之前多了不少。

吴迪觉得心有不甘，于是第二天一早她就来到了银行打算做转存。结果，吴迪在柜台办理转存手续的时候，银行的工作人员给吴迪算了一笔账。吴迪这才知道原来利息上调后，整存整取做转存的话，不仅不赚钱，反而亏钱。吴迪听了原因之后，立刻打消了做转存的念头，避免了收益受到损失。

吴迪的定期储蓄眼看已经快到期了，在这个节骨眼上转存，就要亏损很多利息收益，所以银行的工作人员劝说吴迪不要进行转存，帮助吴迪保护了自己的收益不受损失。其实，生活中像吴迪一样的女人有很多。她们光想着利息上调，如果不转存就不划算了，可是她们没有考虑到转存后会损失掉多少利息。那么究竟要怎么判断转存是否合适呢？计算转存是否合适，可以利用两种算法。

首先，我们先来算一笔账，假设你上个月的月末在银行里存了一笔钱，结果这个月，银行的利息突然上调了，这个时间里转存是否合适，可以根据下列计算公式来计算。

［活期利率×存款天数+新利率×（360天-存款天数）］÷360天

根据这个算式算出得数，如果得数的数值小于原有的利率的话，那么这笔钱就不需要去银行做转存了，因为做了转存之后，不赚钱反而赔钱了。

此外，我们还可以套用另外一个公式来计算转存是否合适，公式如下：

360天×所选存期×（新利率-原利率）÷（新利率-活期利率）-转存临界点

如果存款的天数大于转存的临界点，这笔存款则不需要进行转存。相反，如果计算的结果小于转存临界点，这笔存款则需要进行转存。

根据这两个算式来进行计算，就可以在家轻松计算出转存是否合适了，再也不用为是否需要转存而纠结了。

课后总结

　　任何财富都是以储蓄为基础的，只有养成储蓄的好习惯，才能变成有钱人。看似不起眼的复利，很可能成为发财致富的关键。

　　成家立业是人生的大事，对于女人来说，给自己的孩子准备好一笔教育储蓄尤为重要。现在是互联网时代，与其每天看着电脑、捧着手机上网，不如多了解一下互联网储蓄，抓住每一个获取收益的机会。

　　银行调整利息时，不要盲目转存，因为有些时候转存不一定让你赚钱。

第五课

合理消费,花小钱过优质生活

> 金钱的价值是多少,并不在于金钱的面值有多大,而是看使用金钱的人到底会不会花钱。只有合理消费,才能够让钱的作用发挥到极致,会花钱的人,花小钱也能够过上优质的生活。

聪明消费，把钱花在刀刃上

赚钱这件事情其实没有什么难度，就连街边的一个乞丐也能够赚到钱，但是如何聪明消费却是一件非常困难的事情。俗话说："富不过三代"，这就说明花钱才是一项技术活，如果不会花钱，只会一味地贪图享乐，那么即便有金山银山，也只能等着坐吃山空，万贯家财也有散尽的一天。

想要让钱永远都花不完，必须将注意力和精力投入"钱生钱"之中。著名的犹太人，喜欢投资金融行业和其他资金回收较快的行业，这样一来可以让钱生钱，他们就可以坐着等钱变多。有人将理财做了一个形象的比喻：将钱比作麦子，而这些麦子有三种不同的命运。第一种麦子会成为种子，被人们播种在地里，结果会结出更多的麦子，让一颗麦子创造出更多的价值。第二种麦子会被人磨成面粉，人们会吃掉麦子磨成的面粉，这样的麦子也算是"死得其所"，发挥了自我价值。第三种麦子会遭到主人的无视，因此没有人管理它，最终这些麦子只会发霉变质，失去原本应有的价值。这个比喻十分形象，很多会花钱的人，会将钱花在刀刃上，让钱发挥比票面价值更大的作用,而不会花钱的人,只能让辛苦赚来的钱打水漂。

此外,还有一些人在钱花光之后,全然不知道自己的钱究竟都花在了什么地方,这种人注定一生不会有钱。花钱要讲究精明,不要花冤枉钱。可绝大多数的女人都会有购物的冲动,脑子一热,很容易买很多自己平时根本用不到的东西,最终导致钱被花光了,但是用在什么地方了却不知道。不要做败家的女人,要做一个懂得持家的女人。计算好自己腰包里的每一分钱,不要让钱无声无息地从自己的腰包里流失。

贝琪一直都有着创业的梦想,为此,她工作了两年,省吃俭用,辛苦存下了5万元,又和家人朋友借了5万元,打算开一间美容院。结果美容院刚开了三个月,贝琪就感觉美容院赚钱太少,不如卖化妆品赚得多,所以她果断选择关闭了美容院,并且低价卖掉美容器材,随后又开了一家化妆品店。半年过去了,贝琪又觉得化妆品店生意不好,不如卖衣服赚钱多,于是她低价甩卖了所有化妆品,又关掉了化妆品店,做起了服装生意。

这三次折腾下来,贝琪每次都会损失一大笔钱,到最后决定去做服装生意的时候,贝琪已经租不起店面,只能摆地摊。不到一年的时间,10万块钱的启动资金只剩下区区几千块钱了,贝琪很是奇怪,自己的钱怎么说没就没了呢?贝琪的好友琳娜得知贝琪的遭遇之后,给贝琪讲了一个小故事。

"从前有一个穷人,他一心想要奋斗赚钱,于是凑钱买了一头牛打算用牛来耕地,可是买牛的时候正值冬季,根本就没有地可以耕,而且牛每天都要吃草。穷人觉得养牛太不划算了,于是决定将牛卖掉,买几只羊回来,将来繁殖小羊再卖钱。结果羊买回来之后,穷人就先吃掉了一只小羊改善全家人生活,可是剩下的那些羊却迟迟没有下崽。这个时候他又觉得养羊不赚钱,于是又将羊卖掉,买了几只鸡,想着让鸡生蛋之后卖钱。最终,穷人没能等到鸡生蛋,而是将鸡一只一只杀掉吃了肉,他的致富梦也就到此结束了。"

琳娜的故事讲完了,贝琪也明白了原来自己就是故事里的穷人,她每一次折腾都让自己的财富损失掉了一部分,最终只剩下了手里的几件衣服而已。

贝琪是一个敢于投资赚钱的女人,可惜她却不会聪明消费,不懂得合理改变赚钱方式,因此只能赔掉自己的钱。最初贝琪想要开一家美容院,但是美容院的生意不好导致她没有了信心,所以决定改行卖化妆品。贝琪为了赚到更多的钱,最先想到的是改行,而不是想办法让美容院的生意变得红火起来。第二次贝琪遇见同样的问题,最终她还是选择了放弃,同样没有选择改变现状的办法,所以最后贝琪注定要赔得一塌糊涂。

做生意投资与花钱消费是同样的道理,聪明人在消费的时候会想着钱花出去之后,会获得多少回报,而不会消费的人,不会考虑在原有的基础上节省消费,同时改变赚钱策略。

除了在投资做生意时要懂得及时改变投资方法,将钱花在刀刃上之外,女性在消费时还应该保持理性和冷静,不要看着便宜就买很多用不到的东西。喜欢购买打折的东西,这种贪小便宜的心理谁都有，尤其是很多节俭持家的女性，更会精打细算。可是无论商品的折扣有多大，购买的时候还应该保持冷静，因为毕竟有些东西在生活中并没有多大用处。想要购买到便宜的东西，可以多留意一些打折信息，因为商场总会定期做打折活动，所以不必一次性购买太多，这次错过了下次还会有，保持理性最重要。

另外，还要记得该花的钱一分都不能少，因为有些人即便不花钱，也会很贫穷，但是有些人的钱却越花越有。女人都有节俭的一面，所以很多时候面对需要支付大笔开销的事情时，往往就会表现出舍不得花钱的一面，岂不知自己因为舍不得手里的这点儿小钱，有很多大钱都赚不到了。

舍不得小钱赚不到大钱的最有名的例子，莫过于高邦服饰集团在1996年改变了原有的产销结合的经营模式，将所有的资金都投入到了设计、广告以及营销领域当中去，结果获得了成功。在外人眼中，高邦服饰最初将机器卖掉、将厂房卖掉，将所有资金投入设计当中去的做法是自寻死路，可是谁都没有想到他们会绝地逢生，上演了一出华丽丽的逆袭表演。这种做法就是将钱用在了对的地方，过去虽然钱也没有少花，但是公司一直做不起来，可是在转变之后，花在刀刃上的钱就起到了杠杆作用，成功撬起了整个企业的资金链条，推动企业走向成功。

没钱一样能消费，负债让你更有钱

"负债"这个词听起来不讨喜，不少人都不想与负债联系到一起。其实，有时候负债并不是一件坏事，反倒是一件好事。负债可以让我们更加努力，而且也可以让我们更加富有。负债在某一方面也体现了一个人的能力，能力的高低决定了他能欠多少钱。银行并不会随意借给任何人钱，在借钱给人的时候，一定要经过多道程序来审核，有针对性地进行放贷。其中，越有能力的人，银行越会借钱给他，因为能力就代表着还钱的实力。对于我们来说，借的钱越多，才越接近自己的财富梦想。

举一个简单的例子，信用卡大家都很熟悉，而且信用卡在使用之初时，银行都会免费提供免息业务，让人们享受没有利息的借款。银行会根据个人的实力开放相应的额度，实力越强信用卡的额度越大。假设你拥有一张额度为8万元的信用卡，就说明银行愿意借给你8万元，你每个月都可以用银行提供的这8万元来进行周转。无形之中，你就有了8万元钱的流动资金。

现如今贷款买房的人数不胜数，每个月都要交付房贷，似乎感觉不太舒服,不过,虽然贷款买了房子每个月需要支付一定数额的贷款,但是毕竟有了属于自己的房子。换个角度来思考,贷款买房其实也是一种投资,这几年来我国的房价一涨再涨,前几年买了房子的人,如今价格至少翻了几番。贷款买房等于用别人的钱来赚钱,这样算下来是不是就更赚了呢?

中国人有着传统保守的思想,觉得负债不是一件好事,可是在其他发达国家里,贷款就好像是生活中必须做的事情一样。一个人能够从银行借到多少钱,他就能够拥有多少财务上的自由,在西方人眼中看来,从银行贷款的数额高低也是个人能力的一种体现。中国人惧怕负债,觉得欠钱是一种可耻的行为,也会因此觉得心里不安,所以中国人喜欢过"无债一身轻"的日子,这也是为什么很多中国人面对着大好的投资机会却不敢去做,只能看着赚钱的好机会从自己的眼前溜走。

小丽和小徐在同一家公司里上班,平时关系相处得十分好,私下里也成了无话不谈的好闺密。小徐总觉得上班给人打工并不是长久之计,想要赚钱还要自己创业才行,可是小丽觉得自己创业需要花费太多钱了,自己根本没有那么多钱去投资创业。小徐建议小丽去办几张信用卡,这样一来手里就有流动资金了。可是小丽觉得用信用卡里的钱,就等于自己欠了外债,她不想过有负债的日子。

最终,小徐辞去了工作,利用几张信用卡里的钱作为创业资金,自己成立了一家广告公司。由于小徐原本就是做相关工作的,所以做起广告公司来也如鱼得水,加上之前自己积累的人脉,短短的一年时间里，广告公司就让她做得有声有色。后来，小徐觉得公司的业务量越来越大，决定再从银行贷一笔款来扩大公司的规模，就这样小徐一步步实现了做女强人的愿望。

反观小丽，还是在原来的公司继续上班，每个月拿着固定工资，除去房租和日常开销之外，已经是所剩无几了。因为公司效益不好，小丽的饭碗眼看就要不保，将来她还要再去找工作。

如果当初小丽能够听小徐的劝告，去银行办理几张信用卡，利用信用卡里的钱与小徐一起联手创业，那么现在小丽也将成为令人羡慕的女强人。可惜，小丽的思想过于保守，她总是觉得欠债是一件让自己抬不起头做人的事情，所以她拒绝了负债，同时也拒绝了一个让自己变成有钱人的机会。

中国人与西方人的思想观念不同。钱在中国人的眼中是活的，所以中国人愿意去追求钱，愿意为钱去奋斗。也正因为中国人会费尽心思地努力赚钱，导致了中国人赚到钱之后不舍得花钱，喜欢将钱存起来。西方人觉得钱就是用来服务自己的，赚钱就应该消费。中国人习惯花过去的钱，而西方人习惯花未来的钱，两种不同的消费观念，没有对与错之分，但是两种不同的生活方式，会造就两种不一样的人生。想要过富有的生活，首先要有一颗积极赚钱的心，如果只花自己手里有的钱，并不会激发人的积极心，只有花借来的钱，才会让人有危机感，才会更加努力去赚钱。

负债不是洪水猛兽，所以不用惧怕负债。其实，我们可以将负债看成一种推动人们拼命去赚钱的能量。因为负债会给人带来一定的压力，为了缓解这个压力，人们必须要尽快将欠的债还上，无形之中就有了赚钱的动力。此外，穷人和富人之间累积财富的方式也有所不同，穷人会通过努力工作，赚得一定的金钱，再用这些钱满足自己的消费欲望，与此同时将省下来的钱存起来。穷人有钱的方法是省吃俭用，可是富人的有钱的方法就有所不同了，富人同样会通过努力工作来赚取一定的金钱，但是他们在赚钱的同时会想办法向银行借更多的钱，希望用负债的方式让自己变得富有。通过借钱，富人有了投资的资本，通过投资来赚到更多的钱。富人习惯用借鸡生蛋的方式来赚钱，用别人的钱来赚钱，让自己过上富有的生活。

不要对负债产生厌恶，要知道因为有必要的投资而产生的负债并不是可耻的事情，而且现如今有很多有名的企业家，哪一个不是"负债累累"呢？生活中有很多时候，我们看好了一项不错的投资项目，可是苦于没有钱去投资，所以只能看着大好的赚钱机会就这么从自己的眼皮子底下溜走了。聪明的女人，不要因为不肯负债而错过赚钱的机会。

闺密一起来"拼单",海淘更省钱

喜欢网购的女性朋友,对于"拼单"这个词一定不陌生,如果你喜欢网购,但是又不懂得拼单,那就意味着你要多花不少钱。现如今生活中有很多"拼客",租房可以拼、吃饭可以拼,当然购买东西也可以拼了。很多商家都会不定期推出一些活动,促进消费者们消费。在活动中,一些商品的价格会比平时的售价便宜,如果买的数量多,商家还会给出一个更加优惠的价格。

一个人购买力不够,所以很难拿到非常便宜的价格,但是如果可以找一些人拼单的话,那么购买数量多了,就能够享受商家提供的更加优惠的价格了。也许很多人会问,要去哪里找人来拼单呢?试问,哪一个女人还没有几个闺密呢?平时姐妹淘坐在一起,相信聊天的话题都离不开购物:你的这条裙子哪里买的?你的这副耳环真漂亮!你买了一双新鞋子?这一系列话题,成了闺密们坐在一起聊天的主旋律。与其大家坐在一起讨论什么衣服好看、什么饰品漂亮,倒不如坐在一起拼单,花更少的钱买更多的东西。

现实生活中，让我们拼单的机会其实并不多，因为实体店的商家一般库存有限，因此想要拼单的话并不容易。但是网购就不同了。一个网店会出售几十种甚至上百种商品，每件商品都会有很多库存，因此想要拼单就会变得十分容易。有一些商家还会因为拼单而免去邮费，这样一来在邮费上就会省下一笔钱了。

蒂娜是一个典型的网购达人，平时的吃穿用几乎样样都是从网络上淘来的，因为她觉得网购不仅省时而且还很方便。蒂娜除了自己网购之外，还会动员身边的人跟着一起网购。最初的时候，蒂娜会将网络上一些比较不错的东西推荐给自己的闺密，可是到了后来蒂娜发现，闺密们一个一个购买商品，每一个人都得不到任何优惠，倒不如大家一起在同一家购买商品，也许可以与商家砍价。

一次，蒂娜在网络上看中了一双鞋子，售价为180元，而且商家表示不包邮，需要蒂娜支付10元的邮费，这样算下来这双鞋子的成本就变成了190元。蒂娜觉得虽然鞋子比实体店里卖的要便宜得多，但是总认为还可以更加便宜。于是，蒂娜将网店的地址发给了自己的闺密们，让闺密们找找看，是否也有自己喜欢的鞋子。

蒂娜的闺密们也在同一家店里看中了其他款式的鞋子，蒂娜将闺密们喜欢的款式以及需要的鞋子尺码全部记了下来，之后找店主进行砍价。最终，店主决定承担所有的运费，并且以150元的价格出售了蒂娜喜欢的鞋子。蒂娜的闺密们选的鞋子，同样得到了非常不错的折扣价。蒂娜拼单的结果就是，让自己购买鞋子的成本降低了40元，而其他闺密也得到了优惠。

　　其实，我们完全可以将买东西时省下来的钱，视为赚到的钱。蒂娜灵活运用拼单的方法购买商品，不仅让自己得到了实惠，还让自己的闺密们得到了实惠。生活中，在我们身边的闺密、朋友、同事们，都离不开购物。有时候在购物时，完全可以先问问自己身边的其他人，看看他们究竟有没有与你同样的购物需求，如果有的话，那么完全可以大家一起拼单省钱。

　　拼单省钱，除了可以与商家讨价还价之外，有些时候一些网店还会推出一系列的拼单活动，例如购物满减活动，又或者购物达到一定金额可以获得额外的折扣优惠等等。喜欢网购的女人，更应该多拼单，拼单不仅可以为女人省钱，还可以让闺密之间的感情变得更好。

货比三家永远不会错

买东西需要货比三家的道理相信很多人都懂,能够真正做到货比三家的人却少之又少。生活中很多人往往因为觉得货比三家比较麻烦而主动放弃了这种购物方法,这样意味着你放弃了一次省钱的好机会。

同样的商品,不同的商家会以不同的价格出售,这是因为每一个商家的进货渠道都有所不同,进货价格也会存在一定的差异。加之,很多商家因为店面租金、员工工资等一系列开销导致商品的销售价格出现差异,所以如果购物时不货比三家,很容易花冤枉钱。

相信很多人都听过这样一个笑话:有个人在城西市场打听到白菜3毛钱一斤,去了城东市场之后发现白菜2毛7分钱一斤,两家一对比竟然便宜了三分钱,于是他决定再去城南市场看一看,结果发现城南市场的白菜2毛5分钱一斤。最后,这个人决定再去城北市场看看白菜多少钱一斤,到了城北一打听才知道,这里的白菜才2毛4分钱一斤。对比之后发现,城北市场的白菜要比城西市场的白菜,一斤整整便宜了6分钱。但是,城东、城西、城南、城北这么一跑,路费却花了好几块钱。这则笑话让人捧腹大笑之余,也让人回味无穷。笑话的主人公将"货比三家"的原则发挥得淋漓尽致,却忽略了货比三家需要花费的成本,最后得不偿失。

生活中,我们不要去效仿笑话中的主人公那样去货比三家。货比三家指的是在有限的范围内进行对比,而不是让你比同一样商品每一个商家的售价。货比三家只是一种购物的理念,大家千万不要将它视为一种硬性规定。在有限的范围内进行比价,可以让自己少花不少冤枉钱。

小莲是一个会精打细算的姑娘,每次到超市买东西的时候,她都会将购物小票收好,回来之后将超市里的商品价格一一记录下来。小莲所居住的地方共计有三家超市,这三家超市里所卖的商品的种类大致一样,但是每一种商品的价格都有所不同。比如说,A超市里的番茄酱6.5元一瓶,而B超市里的番茄酱6.7元一瓶,C超市里的番茄酱7元一瓶。小莲每次购买番茄酱就会去A超市,这样算下来,小莲每次在A超市购买番茄酱最多可以省下5毛钱。

除了在实体店买东西小莲会货比三家之外,在网络上购物小莲更会精挑细选。现如今网络上的商品琳琅满目,每一种商品都有几十家甚至上百家商家同时售卖,竞争的激烈也导致商家之间打起了价格战。无论商家的价格战打得怎么样,最终的赢家都是消费者,因为消费者才是最终获得利益的那个人。小莲深知商家会互相比价格,所以小莲每次在网络上购物的时候,都会利用网站的比价功能，反复对比各个商家所出售的商品价格，选出相对最划算的一家来购买。

娜娜是一个做事情果断干脆的人，她购物的时候最讨厌比来比去，每次购物基本上都是选好之后直接付钱，从来不去其他商家看看同样商品卖多少钱。因此，娜娜经常会多花不少冤枉钱。每次娜娜周围的朋友对娜娜说"你买贵了！""我买的比你便宜！""你这个东西那家卖得更便宜！"等诸如此类的话时，娜娜才知道自己又做了一次冤大头。

小莲和娜娜两个人性格不同，因此处事的态度也不同，这也导致两个人拥有不同的购物理念。小莲觉得货比三家更省钱，而娜娜觉得看好就买才痛快。两种购物方法没有绝对的对与错，但是相对省钱来说，娜娜的做法是失败的。

其实货比三家除了可以省钱之外，还可以进行货物的对比。举个最简单的例子，平时买衣服时，我们除了会关注衣服的款式和价格，还会关注衣服的质量。同样款式的衣服，如果质量不同，售价自然也会相差甚远。如果不货比三家，你怎么知道购买的衣服质量究竟是好还是坏呢？现如今有很多商家为了赚钱，会出很多"仿版"衣服，虽然衣服的款式一模一样，却在用料上偷工减料，导致衣服质量差，仿版的衣服与原版的衣服相比，自然要便宜很多。如果不货比三家的话，很难在衣服的质量方面进行对比，这也很难判定自己究竟是省钱了还是浪费钱了。

网购货比三家相比较在实体店更加容易一些，因为网络平台会提供给消费者一个快速对比价格的功能，只要买家使用这个功能，就可以快速找到整个网络中售价最便宜的商家。不过值得注意的是，在网络上购物，因为看不到真实商品的样子，更触摸不到真实商品，因此往往会给人一种"赌"的感觉。为了让自己的"胜算"更大一些，建议网购的时候，在货比三家的同时，不要忘记看一下其他买家给出的评价。很多买家在购买商品之后，都会给出自己的评价，这些评价可以作为购买商品的参考，有助于选出最划算的商品。

团购与预定，消费也可以很好玩

消费是一种享受，所以消费也可以很好玩。一些女性在看待消费的时候，往往会将消费看得很沉重，尤其是一些收入低的女性或者家庭主妇，由于平时经济条件差，所以在花钱的时候恨不得将一分钱掰成八瓣来花，花钱对于她们来说不是一种享受，反而是一种痛苦的折磨。

只要用对了方法，消费并不是一件让人感觉沉重的事情，反而是一件让人觉得轻松愉快的事情。如果平时舍不得花钱，又或者担心自己花了冤枉钱，不妨找上几个好友一起来团购或者预定，这样可以让你的消费变得好玩起来。团购分很多种，绝大部分都来源于网购。网购中的团购很常见，一些网店的店主也会不定期举办团购活动来促销。团购的商品会有一定的数量限制，大家可以通过团购的方式购买到低价商品，得到真正的实惠。

预定商品也是一个有趣的过程，现如今很多商家会在新品问世之前先推出预定活动，消费者可以根据自己的需求来预定自己喜欢的新品，新品到货后商家会根据消费者付款时间的先后顺序进行发货。通常预定商品都会比新品的市场价格要低一些，有一些商家甚至还会推出 1 元预定抵 100 元的活动。在这种活动中，你支付了 1 元钱的预定费后，新品到货后，你之前所支付的 1 元钱就可以抵 100 元现金使用，这种预定方式可以省下不少钱。

如果你是一个特别纠结的人，在购物时不知道自己究竟应该选什么，那么不妨多参与一些团购和预定活动，这两种活动都可以让你体会购物的乐趣，而且也能够得到真正的实惠。人们赚钱的目的并不是将钱存在银行里，而是让钱服务我们，利用钱得到一些物质上的享受。

小昭是一个宅女，不喜欢上街购物，而且性格内向的她也没有什么朋友，平时除了上班之外，几乎没有与外界交流的机会。小昭很讨厌一个人上街购物，更不知道自己究竟应该买什么东西，由于每次买东西的时候都没有人陪她，所以常常因为买什么或者不买什么而纠结。

小昭为了避免上街购物没有人陪的尴尬，决定所有的商品都从网络上购买。网购虽然比较方便，但是网店多如牛毛，漫无目的的搜索也让小昭倍感无趣。在一次购物的时候，小昭无意中发现了团购的乐趣，因为商家每次举行团购活动的时候，商品的数量都十分有限，但是价格都非常低廉。一次，小昭在网络上看好一条连衣裙，售价是 198 元，小昭觉得价格有点小贵，不太舍得入手。结果，过了两天之后，小昭下定决心要购买裙子的时候，恰巧赶上店里举行团购活动，原价 198 元的裙子，现价只需要 99 就可以购买，小昭立刻下单购买，将自己心仪已久的连衣裙收入囊中。

从此以后,小昭便开始留意各种团购信息,并且记好团购的开始时间,因为有些时候错过了团购的开团时间,很容易错过抢购的好机会。小昭觉得团购特别有趣,比之前一个人无聊地逛街或者浏览购物网站的感觉好多了。

此外,小昭还学会了在网络上预定新品。小昭一直留意某品牌的新品手机的上市时间,她自然想要第一时间买到这款手机,于是她每天都留意手机的销售信息,终于得知新品手机可以预定,就在网络上进行了预定。手机问世的时候,小昭也顺利地第一时间使用上了手机。

小昭原本不喜欢购物,这与她自身的性格有很大关系,但是自从接触网购之后,她开始渐渐地享受到了购物的乐趣。普通的购物其实并没有什么购物乐趣所言,每天逛商场对于一些女人来说,其实也是一种另类的运动方式,因为多数时间逛商场都选不到自己心仪的商品,女人只能漫无目的地在商场里闲逛,这也是男人都不喜欢陪女人逛街的主要原因。小昭通过网购了解到了团购和预定,在团购中发掘了省钱的方法,在预定中学会了如何买到心仪的商品。

在生活中,消费并不是你交钱我给货那么简单,有些时候消费也可以变得很好玩儿。如果空闲的时间比较多,那么不妨多留意一些团购信息,这样就可以花很少的钱购买到不错的商品。此外,对于一些炙手可热的新商品,想要靠排队购买是很难的,所以想要第一时间拿在手上,必须要学会预定。预定消费也是一种乐趣,而且预定消费会经历一个时间阶段，在这个阶段里也可以好好考虑，自己是否真的需要这件商品，这样可以避免盲目购物。预定商品时，往往都需要交纳一定的定金，但是这笔定金通常都比较少，相比较整件商品来说，定金所占的比例可以说是九牛一毛，所以即便因为决定不购买商品而丢掉了定金也不会觉得可惜，相反，这种做法让自己避免乱花钱。

预定消费最大的好处在于消费者可以在消费之前有一个静下来好好考虑的时间，很多人会在冲动下消费，可是在消费之后往往就会陷入到后悔的情绪当中。在消费之后再去后悔，往往已经来不及了，因为很多商品在使用过后，商家都不会负责退货，所以喜欢冲动消费的人，最好多参与预定，可以少做一些让自己后悔消费的事。

关注打折信息,生活将变得更加美好

无论是商场还是网络上的店铺,都会不定期举行一些打折活动,打折的商品虽然并不是每一件都很超值,但是有一些商品的折扣还是很实惠。想要不错过花小钱买到好东西的机会,平时应该多关注打折信息。也许很多女人会纳闷,为什么有些女人看上去打扮得花枝招展,可实际上人家身上穿的高档衣服都是花小钱买回来的呢?那些女人之所以花钱少还能买到高档衣服,是因为都会把握购物时机,懂得在打折的时候去购买商品。

关注打折信息一点儿都不难,无论你居住在哪一个城市,路上都会有派发传单的人,随手接一下对方手中的传单,你就不难发现可以让你省钱的打折信息。有一些商场在举行促销活动的时候,还会在媒体上做广告宣传,想要掌握更加准确的打折信息,最好能够拿到一份商场派发的宣传单,因为宣传单上都会印有各种商品的打折信息,这样可以一目了然地知道究竟哪一件商品更加优惠。另外,一般商场都会有一个宣传栏,上面会标有商场打折的商品信息,在没有得到宣传单的情况下,也可以多到商场的宣传栏上留意打折信息。

随着互联网的普及，网购也成了很多人的购物首选，在网络上购买商品往往要比去实体店购买商品便宜很多，留意网络上的打折信息同样可以有助于女性朋友们找到适合自己且价格便宜的商品。通常网店的打折信息都会放在购物平台的首页做宣传，如果想要购买打折商品，不妨多留意购物平台上的广告，这样更有助于自己寻找到打折的商品。

小萱是一个普通的办公室白领，每个月拿着不到4000元的工资，可是她却过得非常"小资"，每天上班都穿着名牌衣服，也经常去一些高档场所吃饭消费。身边的人都很羡慕她的生活，谁都无法理解小萱一个月才那么点儿工资，怎么能够过得这么潇洒。

小萱消费的秘密就在于她平时喜欢留意打折信息，只要遇见适合自己的，她就立刻购买。之前，小萱逛商场时喜欢上一条连衣裙，可是商场明码标价788元，由于是当季新款所以商品不打折，小萱只能"望梅止渴"。结果，不久之后商场举行店庆活动，购物满200元减100元。小萱知道自己的机会来了，等到商场店庆活动的那一天，小萱立刻赶到商场购买自己心仪已久的连衣裙。因为店庆，商家还以8折的价格出售这条连衣裙，这样算下来小萱只花了330元就购买到一条原价788元的连衣裙。

小萱除了会留意商场的打折信息，还会留意购物网站的打折信息，她还会在经常购物的网店里设置打折提醒，只要网店有打折活动，她都会第一时间收到打折信息，这样她就可以不错过任何一个花小钱买好货的机会。

在生活中，小萱也经常去高档的餐厅吃饭，这不是因为小萱多有钱,而是她经常会浏览一些美食网站。因为高档餐厅往往都会在美食网站上推出一些促销活动,所以小萱只要多关注美食网站,就能及时看到打折信息,用很少的钱去享受美食。小萱虽然只是一个普通的工薪阶层,却过着非常小资的生活,这样美好的生活全都来源于她喜欢留意打折信息的这个习惯。

小萱在赚钱方面并不擅长,可是她却掌握了省钱的技术。工资不多的小萱,通过留意打折信息买到了很多超值的商品。生活中很多女人都觉得存钱不容易,经常抱怨自己的工资不够花。其实,与其每天去抱怨为什么自己赚那么少,无法体会物质生活的乐趣,倒不如想想如何少花钱让生活变得美好。

也许很多人会觉得打折信息不可靠,因为很多商家会用打折的方式来促进消费,打折只是一种吸引顾客的幌子。用打折来当作招揽顾客的手段的商家有很多,但是我们不能"一竿子打翻一船人",毕竟不是所有的商家都会用这种手段来吸引顾客。比如说有一些商家会因为换季而清仓甩卖,这个时候购买商品是很便宜的。此外,还有一些商家为了竞争,也会实实在在地给商品打折。

不想被打折信息所迷惑,不妨平时多留意一些商品的价格,做到心里有数,这样就可以在打折的时候比对一下价格。很多商家为了能够让消费者感受到打折的力度,往往会将商品的原价提升。比如,商品的原价是1000元,可是在打折活动的时候,商家会将商品的原价标成2000元,提升商品价格之后,即便商品打了5折,也等同于原价出售,因此大家在留意打折信息的时候,不妨在此之前多留意一下商品的原价,不要被商家的猫腻蒙蔽。

购物时只选对的，不选贵的

任何商品都有属于其本身的价值，所以并不是说商品的售价越贵，商品就一定好，购物时也并不是要选贵的，而是要选对的，只有最适合自己的商品，才是最好的商品。在正常的情况下，任何最好的商品，售价肯定都不是最便宜的，相信这个简单的道理大家都懂。那么究竟要怎么样才能够选出"最好"的商品呢？商品的好与不好，判断标准其实在消费者自己的手上，只要想购买的商品令自己满意，那么就可以认定这个商品是"最好"的。

俗话说："买的没有卖的精。"可实际上买东西的人也不傻，"一分价钱一分货"的道理大家都懂，贵的东西自然也有它贵的道理。贵东西的"好"究竟体现在哪里呢？传统意义上的好，通常被认为是商品的材质、质量、做工、设计等等方面比较优越，所以被人们认定为"好"商品，这类"好"商品一般售价都很贵。这只是传统意义上人们认为的"好"商品，可是现代社会对于"好"商品的理解则截然不同。

现代"好"商品的要求比较广泛，两件材料、做工、设计都一模一样的衣服,售价可能相差甚远,因为它们存在的差异并不是商品本身,而是商品的品牌。一件品牌服装的售价要远远高于普通服装,人们购买商品多花的钱其实并不是花在了商品本身上,而是花在了品牌上。举个最简单的例子,款式、质量一模一样的服装,放在精品店和放在商场里的售价完全不同,精品店里的衣服往往要比商场贵很多。这是因为精品店通常都开在城市繁华地区,而且店里的装修都比较考究,服务员接待顾客时的服务更加周到,消费者进到精品店里体验到的服务和环境的费用,自然也要算在商品上,所以精品店里的商品卖得贵也不无道理。

我们现代社会是一个多元化的社会,衡量商品的好与坏不能用一根固定的标尺来衡量,必须要从多角度进行考量。东西越贵越好本身没有错,只是对于这个"好"的标准,在不同的消费者看来就不一样。如果超出了自己的承受范围,不仅享受不到"好"商品带给自己的享受,反而会背上沉重的经济负担。

小敏是一个在校大学生,她的父亲是一名普通工人,而母亲是一个家庭主妇。小敏的父亲每个月收入2700元,除去每个月的日常开销之外,每个月最多只能给小敏提供1000元的生活费。刚刚读大学的小敏,看着周围的同学个个身上穿的都是名牌,自己却一身土气,觉得特别自卑。

一次,小敏跟自己的室友出去逛街,室友花了700多元购买了一双名牌运动鞋,站在一旁的小敏羡慕不已。望着自己脚上100多元一双的运动鞋,小敏觉得非常羞愧。跟室友逛街回来之后,小敏决定省吃俭用也要买一双和室友一模一样的运动鞋。下定决心之后,小敏整整一个月只靠吃泡面度日,总算是如愿以偿地买了一双和室友一模一样的名牌运动鞋了。

可买名牌运动鞋还只是小敏错误的第一步,接下来小敏开始奢望自己能够拥有一套名牌运动装,于是她又开始了"省钱"计划。通过不吃饭省钱,最后小敏终于凑够了买衣服的钱,但是自己却饿到晕倒了。

小敏为了追求名牌,饿到晕倒,这件事情远远比她穿不起名牌更让人觉得可笑。其实,不穿名牌并不是什么丢脸的事情,相反,为了穿名牌而饿到晕倒才让人耻笑。很多女人都崇尚名牌商品,但是追求名牌的过程中,千万不要以牺牲自己为代价,如果牺牲了自己得到了名牌,你可就亏大了。

名牌商品说白了同样是商品,名牌的鞋子与普通的鞋子作用都是一样的,穿上名牌的鞋子我们同样需要用脚来走路,所以在经济条件不允许的情况下,放弃贵的、选择对的很重要。名牌商品的质量与信誉是毋庸置疑的,因为这些名牌商品都是所在领域中的佼佼者,因此价格自然也很昂贵。不过,购买名牌商品也有一些小窍门。

首先,买名牌商品不一定要买当季新品,一般来说当季新品的价格比较昂贵,而且没有任何折扣。喜欢购买名牌商品,可以选择名牌商品打折的时候购买,这样一来就会省下很多钱,有些时候,打折的名牌商品的售价甚至比仿品的价格还要低。千万不要觉得名牌商品打折的情况很少,其实很多名牌专柜都会在换季的时候进行清仓甩卖,这个时候你就可以用"白菜价"买到名牌商品了。

其次，选择名牌商品要考虑商品的价与值是不是相符。对于名牌商品的消费，必须学会将钱花在刀刃上才行。购买名牌商品，一定要选择质量优越或者功能好的，如果价格和品质与普通的商品相差无几的话，那么又何必花那么多钱去购买名牌呢？购买贵的商品，一定要符合划算的原则，这样才能够让钱发挥最大的效用。

无论选购什么商品，一定要注意商品的性价比，只有性价比高的商品才有价值。购买贵的商品要理性，不要将商品价格的高与低视为衡量商品好与坏的标准，价格代表着商品的价值，如果商品没有价值，花多少钱都是浪费。

穿出风格，不以量取胜

服饰能够衬托出女人的魅力，展现女人的美丽，可是很多女人在买衣服的时候却迷惘了，衣服一件又一件地买，但穿上却一直都感受不到"美"在哪里。有些衣服穿在模特的身上十分漂亮，穿在自己的身上却不是很适合。因此，在外出购买衣服的时候一定要注意，不要在精致的灯光以及能言善辩的导购小姐的游说下，购买不适合自己的衣服。

很多女性朋友喜欢网购，觉得在网络上买衣服便宜，所以经常会一次性买很多件衣服，可是买回来之后就后悔了，因为这些衣服里其实没有几件自己能穿的。女人要明白一个道理，买衣服不要以量取胜，能穿出自己的风格才是硬道理。每一个人的身材、气质、肤色都有所不同，所以穿在别人身上好看的衣服，穿在自己的身上未必好看，不要随便浪费自己辛苦赚来的钱。买衣服首先要了解自身的特点，这样才能够买到称心如意的衣服。

女人总会觉得自己的衣柜里永远都少一件衣服，这是因为每个时期的流行元素不同，所以经常会刚刚买了几件新衣服，结果流行趋势又变了,自己买的衣服很快就"过时"了。其实,流行元素改变得很快,如果一次性买太多衣服是很浪费的。女人在逛商场的时候,不要以买衣服为目的,可以抱着去看看市场出现了什么新款式的衣服的心态去逛商场。

买衣服想要追求时尚,想走到时尚的前沿,没有很强大的经济基础根本无法支撑这种想法,因为流行服饰永远都没有尽头。世界上那么多服装设计师,每一天都会不断地创造新的服饰,新的潮流服饰每时每刻都在更新换代,想要少花钱但是依然不落伍,买衣服的时候应该以基本服饰为主。基本服饰没有流行与不流行一说,比如说牛仔裤、白衬衫等等,这些服饰无论什么时候拿出来穿,都没有人觉得你穿得过时了。相反,如果每次购买的都是"淘宝爆款",那些衣服今年流行了,下一年就不能再穿了,穿出来别人也会认为你是"兵马俑"。买衣服不一定要买得多才能穿得漂亮,买衣服注意衣服的剪裁、材质以及制作工艺,挑选精品服饰,买的数量少也能穿得精。

玛丽的家简直就是一个小型的服装商场,衣柜里、沙发上、床上、桌子上,但凡能够放东西的地方,全部都放满了她的衣服。玛丽并不是购物狂,她只是想做一个时尚的女人,想要让自己的形象一直保持一个美好的状态。每次商场换季出新款服饰的时候,玛丽肯定都会第一时间去扫货,将自己喜欢的服饰买回家。

玛丽每个月有将近一万元的工资,可是每个月月底她都要遭遇经济危机。玛丽每个月会将70%的工资用来买衣服,所以日积月累下来,她辛辛苦苦赚的钱,几乎都变成了一堆穿不了的衣服,其中有很多衣服只穿过一次就再也没有穿过了。玛丽觉得每天上班的衣服最好都不重样，所以她只能不停地买衣服。除了去商场买衣服之外，玛丽还会在网络上购物。玛丽就像集邮爱好者一样，只要网络上有爆款服饰，她肯定要入手一件。一转眼三年过去了，玛丽现在满屋子都是各种各样的衣服，而银行卡里反倒空空如也。

　　玛丽没有存下钱，不是因为玛丽不会赚钱，更不是因为她有购物的欲望，而是她没有掌握穿衣的技巧。每个女人都希望能够展示自己最美好的一面，而上班穿衣不要总穿同一件衣服也是最基本的礼仪，但这不一定就意味着要买很多衣服。每个女人都应该拥有几件当季流行的服饰，但是不一定要像集邮一样将所有爆款服饰都收集齐，每个季度根据时尚的风向，选择几件流行服饰进行搭配就可以了，不要出新款了就买。

　　女人要学会花钱，首先要充分了解自己的收入情况，明确自己想要买的东西究竟是什么，再决定将钱花到什么地方。现在各个城市都有各种各样的商场，而每一个商场都会有自己的经营特色，大多数的商场都会将消费者进行细分，根据消费者的特点来出售商品。所以我们不妨多花一点儿时间来了解商场的经营特点，根据自己的购物习惯以及经济实力去选择商场。当你经常去一家商场购物的时候，渐渐就会养成留意该商场促销信息的习惯，在商场促销活动的时候去购物，可以无形中省下一大笔钱。

　　买衣服除了要知道怎么样省钱，最重要的是要培养自己的审美能力。有句老话叫作："不怕手低，就怕眼低。"女人是否能够驾驭自己穿着的服饰，主要取决于女人个人的审美能力。有些女人买的衣服虽然价格不贵,但穿上去总会给人一种眼前一亮的感觉,而有些女人买的衣服虽然价格昂贵,可是穿上去却感觉好像地摊货一样,这就是个人审美能力不同造成的不同结果。

　　提高自己的审美能力,除了要经常逛商场,看更多款式的衣服,还要去一些高档商场,看一些高档服饰,这样可以有效提高个人的审美能力和品位。为了能够购买到适合自己的服饰,在买衣服的时候一定要学会"试"衣服。很多女人逛街买衣服的时候都会直接忽略掉试衣服这个环节,她们会觉得试衣服是一件麻烦的事情,不如买回去再试。有些衣服穿在模特身上光鲜亮丽,但是穿在自己的身上就未必如此了。购买衣服的时候一定要先试过之后再购买,别等买到家之后才意识到衣服不适合自己,又或者穿上之后不舒服。

　　买衣服不一定要选贵的,也不一定要买很多才能找到合适自己的。你如果不是一个善于搭配服饰的人,可以去商场购买成套的服装,这样就可以避免自己搭配服装的苦恼。如果你是一个对时尚元素不"感冒"又不想穿得"土"的人,那大可选择一些基本款式的衣服,这样无论你什么时候穿出来,既不会让人觉得你"土",也不用花很多钱买很多根本穿不了几次的衣服。

特价不一定超值

当商品标出特价的时候,很多女性朋友都会忍不住要多看两眼。商家自然也掌握了女人喜欢特价商品的特点。但并不是商场里的所有特价商品都一定超值,有些特价商品只不过是吸引消费者消费的一种手段。在商场搞活动的时候,遇见特价的商品,一定要理性对待,不要一味地觉得便宜就买很多,冲动之余应该冷静选购。

购买过特价商品的朋友经常会发现,在商场促销活动结束之后,产品价格也比特价的时候高不了很多,甚至有些商品的售价根本没有改变。有些商场还会用"换购"的方式来变相促销商品,当消费者购物满一定金额的时候,就可以持购物小票,花钱购买一些特价商品。当你想要参与"换购"活动的时候,在购买特价商品之前,最好先去商场看看这些商品在柜台都卖多少钱,以免花了"换购"的钱,却买回来一个"正价货"。

此外,还有一些商家在搞特价活动的时候,特价商品会以折扣的形式出现。很多商家为了吸引顾客,常常会宣传店内商品1

折起。消费者往往看到的都是1折,很少有人会看到1折后面还有个"起"字。大家可千万不要小看了这个"起"字,因为这个字给了商家无限的活动空间,让商家可以随便控制商品的折扣。

董小姐喜欢购买特价商品,每次商场有促销活动,她总会根据宣传单上的内容去寻找一些特价商品。董小姐觉得特价商品卖得便宜,经常一次性买很多。一次,一家商场店庆活动,董小姐迫不及待地冲进商场,购买了宣传单上所说的"限量"特价商品。

当董小姐满心欢喜地带着自己的"战利品"回家之后,婆婆告诉她,她所购买的特价商品,其实另一家超市平时也卖这个价钱。她听了婆婆的话,特意去了另一家超市看了价格,结果发现事实真如婆婆所说那样。董小姐不敢相信,自己花了特价的钱,却买了正价的商品。

其实,董小姐买特价商品吃亏的事情还不止这一次。之前,她在商场购物的时候,正巧赶上了换购活动,只要购物满68元就可以加5元钱购买三包纸巾,她觉得非常划算,于是在商场里购买了68元的东西,当然这其中也有一些商品是为了凑够换购的钱数而买的一些用处不大的商品。

后来有一次去超市购物的时候,董小姐发现,自己用5元钱换购的纸巾,实际在商场的售价也只有5元钱而已,这样算下来她并没有少花钱,相反还花了不少冤枉钱。因为之前要凑够换购的钱数,所以她买了很多根本不需要的商品。

董小姐出于想省钱的想法,才会购买特价商品,可是很多商场出售的特价商品,实际上都不便宜。此外,一些商场推出的换购或者满赠活动，实际上消费者都占不到任何便宜。董小姐为了凑够 68 元，不得不购买一些自己根本不需要的商品，而这些商品实际上等于盲目购物乱花钱。

商场除了会用上面几种促销方式来吸引消费者，还会不定期推出满减活动。比如说满 200 减 100 的活动，这活动看上去很划算，因为 200 块钱的东西可以用 100 块钱买到，相当于给商品打了 5 折。可是当你看到商品价格的时候，你就会发现其实这个活动没有那么划算。因为商场会根据活动来设定商品的价格，大部分的商品都会以 199 或者 399 的价格来出售，这样一来根本达不到满减的额度，钱也没有省下来。

打折的商品乍一看比原价便宜了很多，实际上商品的折扣是真实的，购买的商品质量也没有差，但是商品的款式往往都是一些过季的滞销货。一些品牌的服饰在每个季度末都会清仓甩卖，将库存全部低价出售。虽然这个时候品牌服饰的价格便宜，不过千万不要指望自己购买得到当季的新品。

当然，并不是所有的特价都不超值，只是大家不要在购物的时候被"特价"商品所迷惑，觉得只要是特价商品就一定是真的便宜。无论什么时候，买东西不想花冤枉钱，必须货比三家。平时逛商场的时候，多留意商品的价格，这样在遇见特价商品时，便于与原价进行对比。有些商品特价销售时，商家会故意将商品的原价提高，让消费者觉得自己买到的商品超值。平日里如果关注到了商品的原价，就会做出准确的判断，不花冤枉钱。

其实，有一些特价商品还是很便宜的。比如说商场打折的蔬菜、日用品等，这些商品平时大家都可以用得到，不会造成浪费。蔬菜和水果打折的时候，折扣往往都比较低，这个时候购买会相对便宜很多。另外，也可以多留意各家商场的打折促销信息，对比各个商场的商品价格，更有利于购买到超值的特价商品。

改改囤货癖，明确想买的和想做的事

遇见自己喜欢的东西一次性买很多，又或者觉得这件商品自己用得到，一次买很多以后留着慢慢用，这都是囤货的心理。虽然看起来比较划算，但是很容易造成浪费。很多喜欢囤货的女人都经历过东西已经快过期了，可是还有很多没用光的情况。这种浪费其实完全可以避免，只要改掉囤货癖就可以了。改掉这个坏习惯之前，一定要明确自己想要买什么东西，想要做什么事情。

人的消费动机有很多，人们为了生存所以必须要消费，比如说购买日常用品、食物、衣服等，这些用品都属于日常生活的必需品，购买这些就是最基本的消费动机。还有一些人会计划着购买东西，购物之前会先经过深思熟虑，买之前还会做一下调查研究，比如说买家电，购买之前会多走几家商场，对商品的特点、价格、质量、性能等方面都做一个全面了解，之后再进行对比，最终选出一个最适合自己的商品，这种消费动机很理性，不会造成盲目购物。此外，还有一种消费动机属于自信型，这类消费者在购买商品的时候有自己的主意，不会受他人的影响，只要自己认定的商品，会毫不迟疑地购买，即便情况有所变化，同样会坚定不移地去将这个商品购买回来。这种消费动机也属于正常的消费动机，因为他们懂得自己想要什么，这类消费者不会受他人影响，所以不会出现疯狂购物和囤货的情况。

女人拥有正常的消费动机，一般都不会出现囤货癖的情况，只有消费动机不正确，才容易发生囤货乱花钱的问题。比如"被迫消费"，现如今大街上有很多学生或者老人会推销一些小商品，这些小商品在生活中的用处并不大，但是有些人会出于好心"捧场"，购买一些自己根本用不上的东西。此外，还有很多女人会有冲动消费的情况发生，当商场打折又或者遇见一些比较新奇的商品时，往往就会激发女人的购物欲望，这种对购物的冲动，往往会造成女性购买一大堆看上去很便宜，实际上一点儿用处都没有的东西，白白浪费了自己的钱。

女人都有爱美的心理，喜欢购买漂亮的衣服。每一个季度，各个服装商家都会推出各种各样的新款服饰，很多女性会因为喜欢衣服的款式而让自己的钱包很受伤。新款衣服买了一件又一件，有些衣服甚至还没有等到穿上身，这个季度就已经过去了。下个季度再开始的时候，商家还会推出各种新款服饰，喜欢买衣服的女人同样会再去购买，这样周而复始，最终就会变成购物的恶性循环。千万不要囤衣服，不要抱着"今年买明年穿"的想法，因为每一个季度衣服都有新款，今年再翻出之前买过的衣服，你就会觉得过时了，再穿的概率很小很小。

小优平时最大的爱好就是逛商场，只要有时间她就会去商场里逛逛。有些女人是逛商场只逛不花钱,而有些女人是逛商场必须花钱,小优就是第二种女人。小优喜欢逛商场更喜欢购物,每次遇见商场打折,她都会控制不住自己的购物欲望。有一次,小优家附近的一家超市节日促销,她看到很多商品的售价都下调了不少,立刻开始动手往自己的购物车里装东西,最终,小优买回了满满一车的"战利品"。

小优回家之后整理自己的"战利品"时发现,自己竟然购买了7管牙膏、12把牙刷、5条毛巾、4双拖鞋、5瓶料酒、3桶酱油、2瓶醋、2桶食用油。小优看着这么多商品自己也犯愁了,因为自己独居,7管牙膏要用到什么时候才能用完呢?况且家里还有3管没有用呢!

小优除了会大量购买生活必需品之外,还会购买十字绣、吉他、跑步机等等商品,这些东西在买之前,小优都有自己的一番打算。她在买十字绣的时候,觉得绣一幅漂亮的十字绣挂在家里很漂亮,可是十字绣才绣了几天,她就觉得无聊,之后就将十字绣丢在一边再也不理了。买吉他的时候,小优觉得弹吉他很酷,自己也想学学看,可是吉他买回来之后,她觉得弹吉他太难学了,而且拨动琴弦手指也很痛,最终也放弃了。购买跑步机的时候,小优觉得自己要每天坚持健身,结果跑步机刚买时,她的运动热情高涨,可是不到一个月的时间,跑步机就被她冷落了,现在已经落上了厚厚的一层灰尘。

小优的行为看上去很"败家",但实际上她只是不知道自己需要什么,更不知道自己想要做什么事。她一直都处于一种迷茫的状态，所以会不断花钱买这个做那个。小优觉得自己购买的都是日用品不算浪费，可是她却没有考虑到自己独居，这些日用品就算再实用，自己短时间内也不能全都用光，毕竟任何商品都有保质期，保质期过了就不能再用了。购物的时候要分清什么是自己想要的，什么是自己需要的。想要的东西不一定要买，需要的东西才该买。

不要觉得遇见便宜的东西就要买，不买就有一种吃亏的感觉，也不要觉得只要购买生活必需品就是天经地义的事情。在购买生活必需品之前，要考虑自己是不是真的缺这样东西。明确自己的购物目标，这样才能够确保自己不花冤枉钱。在做任何事情之前先想好，自己是不是真的要去做这件事情，有没有坚持下去的毅力，如果对自己没有信心，觉得自己无法坚持下去，最好不要轻易花钱去尝试。

课后总结

　　消费时，一定要知道什么是自己需要的，什么是自己必须买的，不要将钱花在一些不需要购买的东西上，白白浪费掉辛苦赚来的钱。

　　会花钱也要会省钱才行，花钱时不要忘记货比三家，平时要多留意一些打折信息或者多与身边的闺密、好友们拼单，不要小看这些省下来的小钱，要知道积少也能成多。

　　购物时不要以价格来判定商品的好坏，并不是所有的便宜货都不好，也不是所有价格昂贵的东西品质就一定突出。

　　即便是一些生活必需品，也不必将它们囤积在家里。

第六课

经济自由，会挣钱才是硬道理

> 会省不如会赚。会挣钱的女人，往往在生活中掌握着主动权，任何时候都给人一种"不求人"的感觉，而且也更容易得到人们的尊重。

找到商机，市场需要什么

中国人习惯被传统思想所束缚，所以常常会觉得女人干不了什么大事。殊不知，女人在创业时却比男人更占优势。女人天生敏感心细，所以更善于发现商机。当一个女人愿意去思考挣钱这个问题时，就不怕挣不到钱。

在创业时要懂得抓住商机，很多人创业失败的主要原因都是抓不住商机。任何一个行业都会有大起大落的时候，有些行业刚开始流行时，人们都争着抢着去做，可是做的人一旦多了，市场饱和了，钱也就变得不好赚了。一些人总认为，人生是老天爷帮你安排好的，命运也是天注定的，所以宁愿随波逐流也不愿意放手一搏。相信命运的人永远都不会进步，女人更不能怨天尤人。任何商机都不是老天爷的垂怜，也不是一时的运气，而是人们善于发掘市场需要什么，根据市场需求创业才能够获得成功。

当年旧金山淘金热时，大多数人纷纷将目光投向了那金灿灿的黄金，可是偏偏有人看到了"牛仔裤"的商机。在淘金时，人们穿普通裤子很容易被磨烂，而坚固耐用的帆布牛仔裤能够持久耐穿，最终淘金的人没赚到多少钱，卖牛仔裤的却发了家。这个小故事告诉我们，寻找商机的时候不要只看市场的流行趋势，还要看看市场究竟需要什么。

创业无非有三种形式，即新市场、新服务、新技术。新市场是指用原来的商品、服务去满足新市场的需求；新服务是指给客户提供更好的服务质量、更优惠的价格；新技术是指创造人们需要的新产品、新功能等等。满足这三种创业形式，才能够为创业的成功打下基础。有些人或许觉得自己没有足够多的资金，所以找不到很好的商机。其实，找不找得到商机跟资金的多少没有很大关系，主要看创业的人思想上是否有突破。本钱少并不可怕，可怕的是自己没有足够的勇气，更没有创业的信心，永远不敢迈出第一步，止步不前永远都不会成功。

李春梅从小生活在农村，由于家里人重男轻女，她读完初中就不得不出去打工赚钱养家。李春梅辗转来到上海一家公司做保洁员，她在工作的时候发现，每天中午在公司工作的这些精英，都会利用午休时间趴在桌子上休息。

李春梅知道这些人平时工作量大，所以每天中午都喜欢休息一下，但是公司又不可能给他们准备床铺，这样他们休息起来就会很不舒服。李春梅心想，如果自己能够开一个小旅馆，专门为这些需要午休的白领提供一个午休的场所，是不是也能赚到钱呢？李春梅有了这个想法之后，就在公司周围打听是否有房子出租，并且很快就用自己的积蓄租下了一间不太大的房子。

李春梅自己动手，将房子分隔出8间小的房间来，每个房间每小时收取 5 元钱的"住宿费"。李春梅还给自己的小旅馆起了一个十分贴切的名字,叫"觉吧"。起初,李春梅的觉吧生意并不好,李春梅也倍感压力,因为她本来就没有什么本钱,如果生意一直不好就意味着自己要一无所有了。

李春梅开始检讨自己生意不好的原因,之后她便开始改变了觉吧的装修模式。从原来的一张床一个枕头,逐渐将一个个小房间布置成小卧室的模样。之后,李春梅的生意开始逐渐变好,床位渐渐开始不够用了。

短短的两年时间里,李春梅的觉吧不断扩张,从原来的只有 8 张床铺,增加到现在的 100 多张床铺,床铺也从原来的单一标准,变成了现如今的高中低档不同的标准,可供更多的客户挑选。过去一年只能赚 3 万块钱的李春梅,现在每年能赚 100 多万。

李春梅只是一个普普通通的女人,而且她没有高学历,更没有充足的创业资金,可是她善于发掘商机。在寻找到商机后,李春梅没有迟疑,而是立刻付诸行动去实施创业计划,所以创业成功也是她勇于尝试换来的好结果。李春梅懂得发现市场的需求,并且清楚自己将面对怎样的消费群体,所以她抓住了商机,根据消费人群制订了自己的创业计划,最终获取了成功。

绝大多数的女人都有敏感的心和善于发现的眼睛,但是有些女人不善于思考如何赚钱,总觉得自己不行,做什么事情都缺乏信心,所以还没有开始创业就已经失败了。女人不要总将自己看得很弱小,更不要觉得自己学历不够、见识不广,所以只能做一个家庭主妇。没有人是天生一事无成的,即便是在家煮饭烧菜,只要善于发现商机,同样可以赚到不少钱。现如今有很多家庭主妇在家煮饭烧菜之余,将自己煮饭烧菜的方法记录下来,发布到网络上,同样可以赚钱。

现如今是一个充满商机的时代,只要肯动脑子就能够赚到钱。著名的运动员迈克尔·乔丹可谓是运动界出名会赚钱的人,他曾经说过:"大家都觉得我是在用四肢打球,其实我是在用脑子打球。"这说明,只用四肢不用脑子去工作的人,最终只能成为别人赚钱的工具,而用大脑工作的人才能够赚大钱。美国通用电气的前总裁杰克·韦尔奇曾经说过:"有想法就是英雄。"换句话来说,如果人不动脑子的话,那么人类又与其他动物有什么区别呢?没有赚钱的想法,就只能一辈子为别人赚钱。只会卖苦力的人,钱是辛苦赚来的,而富有的人,钱是用脑子"想"出来的。

在"知本+资本"的角逐中轻松生财

　　一个女人想要成为一个有钱人,不是靠美貌,而是靠实力。女人想要成功,必须要依靠"知本+资本"才行。女人在年轻的时候觉得自己年轻就是资本,可是年轻这个资本并不会一直都有。

　　一个女人想要做一个幸福且有钱的女人,必须先让自己成为一个具有可持续发展能力的女人,用知识加固自己的能力。女人会因为才华而变得有魅力,有些女人即便容颜老去,但是依旧被人们喜欢,因为她脸上的每一条皱纹都散发着个人魅力,完全让人感受不到一丝丑陋。女人要拿什么才能够立足?显赫的家世?漂亮的容貌?这些虽然都是女人立足于社会的一种有利条件,但是这些有利条件的保鲜期太短了,真正能够让女人立足于社会的只有"知本+资本"。

　　知本是指用知识作为本钱,尤其是当今社会,知识的重要性不言而喻。知识不仅仅代表着一个人的力量,还是一个人事业发展的动力。现如今社会竞争压力越来越大,面对竞争时男女的压力都是平等的,你的竞争对手不会因为你是女人而对你心生怜悯,所以女人必须要用知识武装自己，让自己具备更大的竞争力。

李思出生在一个小乡村里。她从小就知道，只有努力学习，考上大学，才能改变自己的命运。虽然李思的学习成绩一直都很好，但是父母不打算供她读大学，因为他们觉得，一个女孩子将来肯定要结婚嫁人，认识几个字就行了，读那么多书也没有用。李思知道，父母想让自己读完高中就去打工赚钱供弟弟读书，但她并不想放弃自己上大学的梦想。

李思每天用功读书，最终凭借着优异的成绩考进了国内一所名牌大学。学校知道李思的家庭条件困难，所以减免了她所有的学杂费。李思在学校期间，一边努力读书一边打工赚钱，还考下了会计师资格证。毕业时，李思已经比同届毕业的同学多出了4年的工作经验，同时她门门功课都是班里第一。

毕业后，李思进入一家上市公司工作，学习了很多新知识，她觉得自己的外语水平还不够好，所以她利用业余时间学习外语。工作期间，李思还报考了国外一所大学学习经济学，并且成功被录取。学成归来后，李思自己创建了一家公司。现如今李思的公司年产值已经高达几千万，成了一位名副其实的高知本女强人。

李思原本只是一个农村孩子，论气质她比不上那些生活在大都市里花枝招展的少女，但是她拥有一颗努力学习的心。她没有接受父母的安排，没有放弃读大学的机会，因为她知道女人想要改变自己的命运，不能依靠自己嫁一个好男人，而是要靠自己学习到的知识。她在读书期间除了学习本专业的知识，还不忘学习其他方面的知识，最终丰富的知识让她获得了成功。

人与人之间最大的差距不是外表，而是大脑里储备的知识，个人的性格和思想。每个人的性格和思想都不同，而它们的成因也比较复杂。抛开不容易被改变的性格和思想，知识就变成了最容易得到的资本。知识不仅仅可以充实我们的人生，还可以提升我们自身的价值。在职场上，知识可以让我们获得更好的发展前途，在家庭生活中，知识可以让我们懂得更多生活道理，生活可以更加幸福。

时代不断进步，如果不能不断充实自己，意味着自己早晚都会有被淘汰的一天。正所谓"技多不压身"，女人除了要学习文化知识，还要掌握一技之长，这样才能够增加自己的竞争力。聪明的女人喜欢赚钱，而且也善于发现赚钱的机会。女人想要创造财富，还应该培养自己的阅读习惯，多了解一些财经信息，这些信息很有可能会成为女人们创造财富的机遇。

网红经济学：才华与美貌的角逐

提到"网红"这个词，大家一定都能联想到各种各样的网络红人，有些人利用超高颜值走红，有些人用逗趣表演走红，当然也有一些是因为丑闻而走红。无论他们都是怎样成为一代网红的，他们成名的过程就是所谓的网红经济学。

现在有很多人都会模仿网红的穿衣打扮，所以网红们的品位和眼光也成了现在的流行趋势。比如说，一些网红穿的服装，常常会成为网络上流行的爆版服饰，追求时尚的人不买上一两件都觉得自己被时尚潮流抛弃了。此外，网红们也会通过自己的知名度来打开市场，现在很多社交媒体上的网红都会有一定数量的粉丝，而这些粉丝为网红们带来了超高人气，网红们不仅会将粉丝转化成购买力，还会透过粉丝来给想要推销的产品做宣传。过去一件商品想要做到家喻户晓，必须要花大把的金钱和时间，而现在一件商品想要被人们所熟知，只需要通过网红们推销就行了。

某网红拥有 193 万粉丝，2014 年她开了一间网店出售衣服，结果网店做了还不到一年的时间，信誉已经达到了四皇冠，仅仅

"双十一"一个晚上,该网店的营业额就已经超过了百万。拥有过百万粉丝的网红数不胜数,所以其中蕴含的财富也让人咋舌。网红们之所以会被人们喜欢,是因为他们会经常在网络上与粉丝们沟通互动,展示自己最美好的一面。为了吸引粉丝,绝大多数的网红还会为粉丝们表演才艺等,并且依靠自己的人气去推销化妆品、衣服、饰品等商品换取财富。

网红经济学无非是价值观加货币化的组合,其中网红＝价值观,经济＝货币化,所以两者放在一起就是对网红经济学最好的解释。虽说网红看上去好像赚钱并不费力,但是网红如果只凭借着颜值取胜,其"职业寿命"是非常短暂的。相反,那些在网络上因为才艺而走红的网红,职业寿命往往很长,而且粉丝也会越聚越多,未来也有发展前景。

安吉尔是某社交平台上的网红,她因为长了一张漂亮的脸蛋而深受宅男们的喜欢。安吉尔每天都会穿着各式各样的漂亮衣服在网络上与粉丝们互动,还会在互动平台上教粉丝们化妆。安吉尔现实生活中只是一个高中还没有毕业的女孩,平时喜欢上网,因为长相甜美可人才成了网红。

成为网红之后,安吉尔的生活发生了巨大的改变,过去因为没有经济收入,安吉尔只能当一个"啃老族"。现在她当上了网红,帮人推销商品赚取佣金,每个月也有一笔不菲的收入。随着收入越来越多,安吉尔也对自己的脸蛋越来越不满意,起初她只是稍微做一下微整,而细心的粉丝却发现安吉尔的脸部线条不断变化,从过去那张纯天然的可爱包子脸,变成了现如今网红们最流行的锥子脸。安吉尔的脸发生了变化，她的粉丝数量也开始逐渐减少。安吉尔也意识到了这一点，想尽各种办法来挽留粉丝们，无奈粉丝们还是纷纷弃她而去。

相反，长相平平的知音虽然外表不出众，却弹了一手好钢琴。她经常在网络上展示自己的才艺，并且与粉丝们互动交流弹钢琴的心得，她的粉丝数量只增不减。知音应粉丝们的要求，在网络上创建了钢琴学校，通过视频来授课。现如今的她不仅拥有很多粉丝，而且还有很多学生。

安吉尔和知音都是网红，但是她们却走的不是同一个发展路线。安吉尔长相漂亮，这个是天生的优势，因为在这个"看脸"的时代里，颜值高自然受欢迎。知音并不是一个长相出众的女孩子，甚至可以说走在大街上都没有任何回头率，但是她却能够成为网红，凭借的就是自己弹了一手好钢琴，粉丝们被她的琴技所迷倒。两种不同的网红，最终的结果，一个只能被人们遗忘，而一个却逐渐发展起来属于自己的事业。

任何网红都有一个生命周期，我们大致可以将网红分为网灰期、网红期以及网黑期。所有的网红在成名之前，都要经历网灰期，这个时间会很漫长。很多人觉得网红都是一夜成名，其实大家不知道网红们在成名之前都付出了多少努力。摆脱网灰期进入网红期后，可谓迎来了事业的高峰期，在这个时期里的网红们拥有大量的粉丝和商机，日子过得也是风风光光的。不过，千万不要觉得网红期到来了以后就可以高枕无忧了，因为有些网红的网红期并不长，甚至有很多网红的网红期都是转瞬即逝的。其中，依靠颜值成为网红的人，时效性极强，而且具有很强的可替代性，如果没有优秀的团队帮忙运作，很可能很快就结束了网红期。相反，依靠个人才艺成为网红的人，网红期会比较长，甚至可以成就一番大事业。

度过了艰难的网灰期，以及大红大紫的网红期之后，网红就要进入网黑期了。网黑期比网灰期更加艰难。网灰期充其量默默无闻，无人问津而已，可是网黑期不是没有人注意你，而是所有的人都在骂你，站在与你不同的立场上，无论你做什么都是不对的，所以网黑期的日子最不好过。之所以网红会进入网黑期，一方面由于网红个人的自我定位不清晰，所以才导致自己逐渐成了"异类"。另外，"常在河边走，哪有不湿鞋"的道理，所以当一个人红得发紫，嫉妒的人多了，黑你也是正常的，如果没有一个好的团队帮忙运营，很容易就从网红沦为网黑了。

果断抉择，钱财对你的暧昧没有耐心

女人天生有敏感的直觉，这种直觉往往比人们用理性去判断更加准确，但是很多女人却不肯相信自己的直觉，而且也不相信自己的眼光。女人的这种不自信，直接导致钱绕着女人走，因为钱财对女人的暧昧不清可没有任何耐心。成功的女人往往比较看重自己的直觉，利用直觉加上理性的判断后，果断做出抉择，所以她们赚钱比其他女人更加容易。

和男人相比，女人思考问题的时候更善于用右脑，所以女人比男人更善于表达自己的情绪。虽说女人天生在投资理财方面有着优势，可是女人还有一个致命的弱点，那就是——胆小。绝大多数的女人在心中有了赚钱的想法后，自己也会制订一个赚钱计划，可是到了真正实施的时候就退缩了。面对投资，很多女人往往都会表现得很犹豫：想投资赚钱，又怕投资失败把钱赔光；想放弃投资，又觉得自己错过了一个赚钱的机会。两种矛盾的情绪往往会让女人们一直举棋不定，就在女人犹豫不决时，赚钱的机会也悄悄地溜走了。

在生意场中,能够获得有效赚钱信息的机会其实很少,几乎做任何生意之前,人们都无法判断这个生意是否会赚钱,因为生意场上瞬息万变,一瞬间的决断就可能会影响人一生的命运。

小雨是金融系的大学生,业余时间除了会打工赚钱之外,她还喜欢了解一些金融信息。小雨对于股票行情有着极其敏感的直觉,她总是能够神奇地预测出哪一只股票会涨,可惜苦于没钱,小雨只能无奈错过了炒股赚钱的好机会。

小雨同宿舍的同学小晴对于小雨的"神预测"十分好奇,但是也只是好奇而已。因为小晴家境富裕,小雨曾经多次劝说小晴买股票,可是小晴每次都说再等等,结果这一等就错过了很多次赚钱的好机会。小雨知道自己不能再错过更好的赚钱机会了,于是她省吃俭用并且努力打工赚钱,终于有了第一笔投资资金。

小雨是一个看准机会就会下手的女孩,在别人眼中小雨的做法有点儿"虎",因为她会将辛苦积攒下来的钱全部都投入进去,丝毫不给自己留退路。在外人眼中看来,小雨不给自己留退路的做法就是自寻死路,可是小雨却觉得自己的眼光没有错,绝对可以让手里的小钱变大钱。

最终,小雨的投资成功获利,而且短短的半年时间里,小雨的投资资金就翻了好几倍。小雨的同学都十分羡慕她,纷纷向她讨教投资赚钱究竟依靠什么方法,小雨只给出了八个字的投资总结:"胆大心细,果断抉择。"

在生意场上常常会发生一些让人措手不及的事情,更何况股市。有多少人在股市里栽了跟头,可是小雨却混得有声有色。小雨一直坚信,只要自己感觉自己没有判断错误,那么就及早出手。小雨觉得无论考虑的时间有多久,想法有多么天衣无缝,只保持观望态度,钱永远都不会主动送上门。遇见好机会就要果断出手,因为股市瞬息万变,可能短短几分钟的时间里,原本属于你的财富就从你的身边溜走。

在生意上只有敏锐的嗅觉还不够,还要有胆量才行,下手稳准狠才能够创造财富。机会面前人人平等,只不过成功的人懂得抓住机会。爱因斯坦曾经说过:"真正有价值的东西是人的直觉。"前面也提到了女人的直觉是男人所不能比拟的,女人在直觉的敏感度上具有天生的优势,所以女人投资时多一分果断,就不愁赚不到钱。

女人优柔寡断的一面常常会出现在做抉择时,这是因为女人思考的东西往往比男人更多,当女人思考得过于周全的时候,抉择的勇气也会一点点儿流失。钱财与人之间的关系很微妙,相比暧昧关系,钱财更喜欢人们对它直接一点儿。我们常常会见到有人因为炒股一夜暴富,也见过很多人因为炒股而一贫如洗,这都与人们做事不果断有很大关系。有人喜欢把股市称为"鬼市",这是因为股市中的起起伏伏就好像是幽灵一样神出鬼没,完全让人找不到头绪。大起大落的股市也让人生变得大起大落,果断抉择的人总是能够在对的时间做出对的选择。在股市持续走高时,一些人选择了抛出所有股票,无论股票最终能够涨到多少,他们也觉得自己的决定是对的。可是往往有一些人会觉得,股票还有可能更高,只要持续持有,说不一定自己哪一天就成了让人羡慕的富翁，岂不知股市的动荡总是让人猝不及防。有人一夜之间输掉了所有身家，一方面因为他们贪心，另一方面是由于做事不够果断。

女人不是天生的弱者，更不是一无是处的庸才，不要将自己看得太渺小，更不要对自己没有信心。想做一个有钱的女人，要多给自己一点儿自信，做任何事情都不要拖拖拉拉，因为钱财没有耐心等着你思考。

统筹时间，提高单位财富创收率

人人都说时间就是金钱，可实际上时间比金钱更重要，因为钱花光了还能再赚，时间一去却不复返。有些女人为了省钱可谓无所不用其极，举个最简单的例子来说，当了妈妈的女人会格外节俭。有些妈妈为了能够让孩子有更好的学习机会，会在网络上找一些练习题来让孩子做，可是为了节省几个打印试题的钱，她们宁愿趴在电脑前将习题一点儿写在纸上。岂不知自己花费了很长时间，而孩子对于你手写的习题并不感兴趣，甚至很多孩子都不会认真去做家长手写出来的习题。相反，如果女人直接从网络上下载一套习题，送去打印出来，一方面可以节省自己大量的时间，另一方面字迹工整也便于孩子审题。

多么简单的一个道理，可是很多女人却始终不能理解。时间其实就是我们的生命，浪费时间就等于浪费我们的生命。无论你的职业是什么，也无论你的财富有多少，时间对于每一个人来说都是公平的，每个人的每一分每一秒都是同样长短。珍惜时间的人喜欢利用时间去赚取财富，而不懂得珍惜时间的人，浪费的不仅仅是时间,还是人生最宝贵的财富。

生活中有些女性会抱怨自己的工作太多,时间不够用,事实上真的不够用吗?假设每天早上9点上班,下午5点下班,期间还有1个半小时的午休时间,这样算下来每天工作的时间大约为6个半小时,在这6个多小时的时间里,难道你都在工作吗?女人在工作时往往没有男人们认真,因为女人很多时候容易被身边的某些事情所吸引,导致工作时忘记了工作时间,所以很多时候并不是工作太多,也不是时间太少,而是不知不觉中浪费掉了时间,降低了单位财富创收率。相反,如果能够充分利用时间,完全可以提升财富的创收率。

可欣与香梅是一对好闺密,她们各自经营着网店,可欣觉得自己经营网店时间比较充裕,所以经常会约朋友出去玩,很少花时间打理自己的网店,每次网站有活动时,可欣虽然提早接到通知,却因为贪玩迟迟不着手做准备。几乎每次活动要开始的前一天,可欣才会熬夜工作,可由于准备时间不充足,网店的生意也受到了很大影响。香梅却经常将时间投入在管理网店和装修网店上,每次只要接到网站通知,香梅都会将网店重新装修一番,并且制订好一系列的促销计划。

可欣也曾经向香梅讨教,香梅也毫不吝啬地将自己的成功经验传授给可欣。她告诉可欣,每次活动之前必须先清点库存,以免出现库存不足的问题。另外,很多买家在买衣服的时候都希望能买到配套的鞋子、包包以及饰品,根据买家的购买需求,香梅还在网店里同时经营与服装搭配的周边产品。

细心的香梅还将配饰与服装搭配在一起拍成照片放在店里,

这样一来配饰的销量也越来越高，香梅这种做法等于花一份时间同时经营多家网店。统筹好时间，为香梅创造了更多财富。

在同样时间接到活动通知，香梅将时间用在了管理和装修网店上，而可欣却将时间用来玩了。香梅合理统筹时间，在规定时间内准备好迎接网站活动，可欣却只能利用活动开始的最后几天熬夜干活，却经常因为准备不充分而搞得一团糟。香梅懂得合理统筹自己的时间，而且还懂得在有限的时间里提高财富创收率，利用一份时间赚两份钱。

不会合理统筹自己的时间，无论工作还是生活都会变得一团糟。善于统筹时间的人，会合理规划自己的时间，在工作时认真完成工作，在生活中开开心心地生活。要知道时间可不会等我们，如果不珍惜时间，时间就会悄悄地从我们的生命中溜走，任谁都无法挽回已经过去的时间。普通的白领每天工作的时间为6个小时左右，如果在这6个小时内没有很好地安排自己的工作时间，很可能造成工作不能按时完成的尴尬事。

女人应该懂得珍惜时间，合理使用工作时间，不要让生活和工作混淆在一起。想要提高单位财富创收率，必须要在规定的时间内完成应该完成的工作，如果可以在规定的时间内完成更多的工作，意味着单位财富创收率得到了提高。相反，如果在工作时间内没有完成自己的工作，意味着单位财富创新率降低了，如果自己的业余时间被工作占用了，那么财富创新率甚至会变成负数。

不要坐着干等钱，行动才能捞到钱

绝大多数女人都喜欢采用坐着干等钱这种守株待兔的方式来赚钱，这种赚钱方式的优点在于不用自己动手，但是缺点在于能赚钱的概率太小，想用这种方法赚钱等同于等着天上掉馅饼。想要赚钱一定要付出实际行动才行，无论你的赚钱想法是怎样的，如果不行动，再好的赚钱方法都不能赚到钱。

很多女人并不是不想付出自己的行动去赚钱，而是因为患上了严重的"拖延症"。生活中人们总是会被这样或者那样的事情所牵绊，即便脑子里有了赚钱的想法，也会因为各种牵绊而拖着不去做，最终赚钱的计划就这样被扼杀在摇篮当中了。女人比男人的心思更加细腻，所以考虑问题的时候往往会想得比较多，这些多出来的想法很容易成为顾虑。做任何事情只要顾虑多了，行动的机会就会变得少了。

生活中最典型的坐着干等钱的就是那些每个月领着固定工资的人，这类女人知道自己每个月无论做多还是做少，都会领到同样的工资，所以她们的赚钱想法往往就被"死工资"扼杀了。其实，女人要对赚钱有信心，千万不要被眼前的"安定生活"所迷惑，毕竟钱可以支撑我们的物质生活，钱越多生活过得才能越滋润。

安妮在公司里当前台接待，每个月领着3200元的固定工资，无论自己做的工作多还是少，工资都不会有任何变化。其实，安妮平时的工作十分清闲，只需要接接电话、发发传真、帮同事们签收些快递就行了。安妮身边有很多同事，每个月因为业绩高而领到上万块钱的工资，她看了也觉得心里痒痒的，但是她知道自己没有做业务的经验，所以根本做不来那样的工作。

虽然安妮打消了做业务员的念头，却没有打消赚钱的念头，她想着要趁着年轻多赚点儿钱，因为她也希望能够买更多的漂亮衣服穿，吃美味的食物。安妮平时最大的爱好就是上网买东西，她喜欢淘物美价廉的衣服、包包等等。一天，安妮看见网络上有一家服装公司招聘代理，可以在网络上销售。平时酷爱网购的安妮一下子就高兴起来，她觉得这就是老天爷给她的机会。

安妮联系了服装公司。对方同意让安妮代理自己的服装，但是必须要安妮缴纳3000元的代理费才行。周围的同事朋友知道之后，都纷纷劝说安妮不要做，可是安妮觉得还是试试比较好，3000块钱只是一个月的工资而已，即便被骗了也没什么关系，就这样，安妮交了钱做了代理。

安妮做了代理之后，服装公司特意安排专门的工作人员指导安妮开店，最终安妮在服装公司的帮助下做起了网店的小老板。随着网店生意越来越好，安妮果断辞去了前台的工作，专心在家经营网店，现在安妮每个月都有几万块钱的收入。

我们的生活中其实有很多像安妮一样的女人，她们因为有固定的工作而不想再为钱去奋斗，甚至有些时候有好的挣钱机会摆在面前，自己也会选择放弃，因为她们觉得安逸的生活过得很好，自己不必再去折腾了，还是安安心心生活好了。也正是因为这个原因，这些女人才会和钱无缘。还有一些女人会因为要投资而胆怯，毕竟现如今网络上诈骗的事情屡见不鲜，但是我们也不能杯弓蛇影，毕竟不是所有的网络上赚钱的事情都是骗人的，有些时候还需要有些胆量去尝试，只要擦亮眼睛，就不容易被骗。

有些时候我们因为担心上当受骗，往往会放弃一些赚钱的机会，可是别人尝试后赚钱了，自己就会觉得心有不甘。不过，网络诈骗案时有发生，我们在网络上投资时应该谨慎小心，为了避免上当受骗，可以在投资之前做一个全方面的调查和了解，这样可以减少自己上当受骗的概率。此外，除了可以通过网络赚钱之外，还可以通过现实生活中的一些投资项目来赚钱。绝大多数女性对于理财都没有什么概念，而且超过半数以上的女性认为理财就是存钱，这也导致了很多女性不会自主赚钱，只会坐着干等钱。

没有理财概念的女性不妨多了解一些关于理财方面的知识，多关注一些理财方面的信息，一步步学习理财。作为女人要多一点儿对金钱的追求，不要满足于自己的固定工资。无论你的固定工资有多高，仅仅依靠固定工资永远都无法过上有钱人的生活。想要捞到钱必须行动起来，但是不能盲目行动。行动之前要做一个全面周详的赚钱计划，按照自己的赚钱计划一步步实现自己的发财梦。想成为有钱的女人就不要再坐在凳子上发呆了，赶快行动起来捞钱吧！

合力赚钱，打造"笨笨女"的小金库

都说聪明的女人不可爱，因此很多女人放弃了"聪明"，选择做一个"笨笨女"。笨笨女最大的特点是"呆萌"，无论做任何事情都表现出一种"我不会做""我看不懂"的架势，可是偏偏这样的女孩更受男人喜欢，因为男人都想在女人的面前做一个强大的男人，太过精明的女人往往让男人找不到"大男人"的感觉，只有"笨笨女"才能够让男人满足这份自尊心。

既然笨笨女那么有男人缘，女人大可以做一个表面上的"笨笨女"，但切记自己内心千万不要成为一个真正的"笨笨女"。其实，有很多笨笨女实际上都是聪明的女人，她们只不过是用笨笨女的样子示人，骨子里却是个"人精"。

笨笨女赚钱的方式会与外表精明的女孩不同，因为她们往往不会冲在事业的最前面，反而喜欢在幕后做老板。有时候我们见到一些看上去"傻乎乎"的女孩，可是她们私下里有着属于自己的事业，而且还有属于自己的小金库。生活中，这些笨笨女都会比较低调，完全让人意想不到她们原来才是正宗的"白富美"。

玛莎是一个十分文静的女孩子，少言寡语的她总给人一种笨笨女的感觉。她有一个好闺密叫莉娜，莉娜个性张扬，喜欢表现自己，任何人见了她都会说她是一个精明的女人。两个人高中时期就是好朋友，可是后来玛莎考上了大学，而莉娜却没能考上大学。

没有上大学的莉娜一直都想要自己创业当老板，可苦于自己没有太多的本钱，于是只能找玛莎帮忙。玛莎虽然只是一名普通的大学生，但是她的家境还不错，而且莉娜的主意让她为之心动。最终，玛莎拿出5万元与莉娜一起在大学校外开了一家水吧。平时，玛莎由于要上学，根本没有时间打理店里的事情。而莉娜不仅有充足的时间帮助玛莎打理店铺，还拥有超高的交际手腕，能够在短时间内拉拢更多客户，她完全可以一个人打理店铺，而玛莎只需要做一个甩手掌柜就行了。

水吧的位置就在校外，玛莎经常会带着同学去水吧消费。由于莉娜开朗大方的性格，也很快交到了不少好朋友，水吧的生意越来越火爆了，可是却没有人知道原来玛莎才是这间水吧幕后的"大老板"。水吧盈利赚钱了，玛莎又想再开一间服装店，专门卖一些平价且时尚的衣服，供大学生们购买。

玛莎将自己的想法跟莉娜说过之后，莉娜也觉得这个主意不错，两个人一拍即合，就这样她们又合力在校外开了一间服装店，两家店每年的收入都超过几十万元，而玛莎却一直都是一个甩手掌柜，外表没有表现出老板模样的她却无声无息地赚到盆满钵满。

任凭谁看到莉娜和玛莎两个人，都不会想到她们俩原来是私底下最要好的闺密，更让人意想不到的是她们还是生意上的合作伙伴。外表看上去精明能干的莉娜，竟然还是看上去斯斯文文且有点儿笨笨样子的玛莎的得力助手，玛莎的成功完美诠释了什么叫作"扮猪吃老虎"。玛莎只是外表看上去不精明，但是并不代表着她没有生意头脑。因为学生的身份，她并不能自己主持生意上的事情，可是却会在幕后为莉娜出谋划策，最终成功为自己打造了一个小金库。

在我们的身边有很多像玛莎这样的女人，她们过着低调的生活，却有着不低调的事业。笨笨女同样也可以通过合理赚钱的方式，拥有属于自己的小金库。女人在没有时间去赚钱时，也不要放弃想要赚钱的想法，只有有了赚钱的想法，钱才会找上你，如果你连赚钱的欲望都没有，钱又怎么能找到你呢？

一个人创业的艰难不言而喻，没有经验、资金不足、生意不好等等不利因素，都要一个人来承担。如果一份事业两个人做，那么这些压力你就只需要承担一半，如果是多个人一起合伙创业，那么压力分摊到个人头上就会更小，因此合力赚钱非常适合女人，尤其是看起来样子笨笨好欺负的女生，不妨和一些精明强干的女生一起合作，不用抛头露面同样也能让自己的小金库越来越满！

适合女性的创业方案

有人会将女人创业比喻成嫁人,一旦创业的方案选错了,接下来所做的一切也都意味着错了。那么女人究竟应该选择哪些创业方案呢?关于女人创业方案的选择,有关的专家早已经为广大女性朋友做出了具体的分析。专家指出,女性一定要根据自己的性格特点来选择创业方案。

正所谓"隔行如隔山"。如果选择不符合自己性格特点的创业方案,就等于"跨行"创业,创业的难度也会增加。简单总结一下,适合女人创业的方案有:创意服务、专业咨询、科技服务、幼教照顾以及生活服务。

创意服务是指以创意或者执行为主的工作,这种工作最适合一些喜欢天马行空、不想被工作所束缚的女性,而且这类工作的工作地点与时间弹性比较大。也可以在家做兼职,适合那些不想因为职场"斗争"而花尽心思的女生。职业包括文字工作、设计工作、编辑工作、创作工作等等。

专业咨询是指可以为人们提供专业意见的工作,这类行业通常是以口才或者沟通能力取胜，而且工作地点与工作内容的弹性比较大，此类工作适合那些喜欢到处走走，不安于现状的女性。这类工作包括了讲师、美容顾问、心理咨询、旅游资讯服务以及经营管理顾问等等。

科技服务是指女性拥有网络方面的专长，在网络比较发达的城市里，这类创业项目非常适合女性来做。女性比男性更敏感而且细心，因此做起自己擅长的网络方面的工作比男性更加得心应手，这些创业工作包括网站规划、网页设计、网络营销、软件设计、科技公关等。

幼教照顾是指给小孩提供教育或看护工作，因为女性的性格比较温柔，而且比男人更加懂得如何照顾小孩。这类工作适合性格温柔且有耐心的女性朋友，创业项目包括了幼儿园、才艺班、家政服务、看护等。

生活服务的包含范围比较广，也是我们的生活不可或缺的。通常所说的生活服务可以分为两类，一类是独立开店，另外一类是指加盟开店。这其中的行业包罗万象，可以是餐饮业，也可以是服装业，这类创业项目比较适合一些有领导能力，做事情干练、不拖泥带水的女性。

安娜酷爱写作，可一直苦于找不到适合自己的工作。之前安娜也曾在公司上过班，但是她觉得自己每天上班就好像是机器人一样，老板吩咐自己做什么就要做什么，根本没有自由，而且赚的工资还很低。每天安娜下班回家之后，都会静下心来好好写一段文字，几年的坚持让安娜写完了一本小说。

一天,安娜将小说发布到网络上,没想到吸引了大批读者,还有一些人成了她的粉丝,有些读者甚至开始鼓励安娜继续写下一本。安娜得到鼓励之后,干脆每天都将业余时间用来写作,后来她的小说越来越受到人们的欢迎,甚至有出版商向她伸出了橄榄枝。她这才发现,每个月赚到的工作还不如写小说赚得多,于是她果断辞去了自己的工作,开始专心在家写作。

日子一天天过去了,安娜的小说备受好评,并且引来了很多读者。安娜的才华也被越来越多的出版商注意到了,有很多都主动找上门来,更多的则长期与安娜保持着合作关系。从此以后安娜的小说写出来之后,再也不愁没有地方发表了,而且赚取的稿费越来越多。相比之前每天在办公室里工作,现如今安娜的工作不仅自由,就连时间和地点也任由自己选择,每个月的工资相较之前要高出几倍。

安娜不满于生活的现状,而且不喜欢自己的工作,所以她决定自己创业。安娜创业之前并没有莽撞地丢掉自己原有的工作,因为立刻辞去自己的工作就等于要切断自己的经济来源,这种做法无疑是不给自己留任何退路,等同于背水一战。因此,她在创业还没有成效之前,选择将创业的项目作为一种兼职工作来做。事实证明,安娜的做法既没有任何风险,又可以尝试到创业的滋味。

我们也是一样,创业并不一定要"孤注一掷",也可以一步步慢慢来靠近自己的创业目标。上文提到了适合女性创业的各种行业,其中绝大多数的行业无论是工作时间还是工作地点都有很大弹性，这种不受工作时间和地点限制的工作，也为女性的生活提供了自由空间。赚钱并不是一定要在办公室或者工厂，自己在家赚钱也很不错。时下也有很多兼职工作都可以在家赚钱，所以创业的思想不用局限于开店或者投资。

很多创业项目都可以是零投资的，比如一些创意或者设计工作，只要脑子里有好的想法，这些想法完全可以通过网络卖出去。现如今很多人在网络上开设创业设计工作室，这是非常不错的选择。网络上开店首先花费要比现实生活中开实体店少很多，其次工作不受时间限制，无论是白天还是夜晚，都可以进行工作。另外，网络上的客户要比现实生活中客户多很多，所以工作机会要远远超出实体店。投资少、客源多，这两个有利的条件足以保证女性在创业时有更大的成功率。

课后总结

　　任何时候，女人一定都要经济自由，要有赚钱的本事。

　　创业时，女人在选择创业项目时一定不能盲目，首先要了解市场上需要什么，根据市场需求来选择创业的项目。

　　女人应该不断丰富自己的内涵，自己学习到的知识永远都是最宝贵的财富。

　　各类网红轮番登场，如果只靠自己的长相成为网红，早晚有一天人们会对你产生"视觉疲劳"，因为依靠外表吸引人永远都没有依靠魅力来得更加持久。

　　女人投资时一定要果断，拖泥带水的投资方式，往往会让你与财富失之交臂。

　　女人一定要有赚钱的想法，并且要将想法付诸行动。任何时候都不能在赚钱的问题上"坐以待毙"。

　　觉得自己笨的女孩，其实也可以通过和精明的人一起合力赚钱，打造属于自己的小金库。

　　女人想要赚钱一定要选择适合自己的创业方案，不能一味地跟风。

第七课

情侣之间,懂得谈钱才有未来

> 男女之间从恋爱到结婚,除了要谈感情之外,还要谈钱。俗话说:"谈钱伤感情。"可是这句话反过来说,谈感情也很伤钱,男女之间交往一定要懂得谈钱,千万别让爱情成为一笔"糊涂账"。不会谈钱的情侣不会有好的未来。

善用选股理念,选择"潜力股"男人

投资眼光好可以赚钱,投资眼光差会让女人赔个精光。女人选男人就和投资一样:选男人的眼光好,注定一生可以幸福美满;选男人的眼光差,注定一生得不到幸福,而且很多时候选错男人还会耽误女人一生。

女人要善用选股的理念去选择"潜力股"男人,因为只有"潜力股"男人,未来才有可能成为一路飘红的"绩优股",如果可以与这样的男人相伴一生,意味着这一辈子都可以衣食无忧。那么,究竟什么样的男人才是"潜力股"男人呢?

首先,男人一定要能够给女人安全感。可能很多人会说,能给女人安全感的男人有很多,比如身材魁梧的男人,难道他们都是潜力股吗?其实,女人所谓的安全感并不取决于男人的身材是否魁梧,而是一种来自于心灵上的安全感,这种安全感不是男人身材创造出来的,而是男人的品质与能力给予的。男人要有上进心,肯为事业奋斗,这种男人会给女人一种踏实的感觉,所以女人更容易对这样的男人产生安全感。

其次,男人一定要有很强的责任感。能被称为"潜力股"的男人心中永远都有一颗可以为生活而努力奋斗的心，这就是所谓的责任感。如果一个男人没有责任感，不管他多么帅气多金，不管他现在对你多么好，都不能跟他在一起，因为他随时可能抛弃你。

此外，男人一定要有为事业、家庭拼搏的精神。能被称为"潜力股"的男人往往看上去都很普通，甚至有很多男人看上去似乎并没有什么吸引力，可是他们却有着让人佩服的拼搏精神。在平时生活中，这些男人低调得甚至会让人有些"瞧不起"，可是在事业上他们的表现却会让人们刮目相看。沉稳、平静、蓄势待发就是形容"潜力股"男人最恰如其分的词汇。

女人在选男人的时候，千万不要只看男人的外表，一定要多了解男人的内在。外表再好看而没有内在的男人充其量就是个绣花枕头，好看不好用的男人千万不要选。好看的男人虽然能够让女人赏心悦目，可是生活是现实且残酷的，好看不能当饭吃。不好看但是有内在的男人，也许外表上并不能吸引女人，但是丰富的内在最终会让女人死心塌地地爱上他。

菲菲是一个漂亮的姑娘，大二时交往了一个"校草"级别的男朋友，他高大帅气，走到哪里都能成为别人眼中的焦点。每次菲菲和男朋友走在学校里的时候，很多女生都会对菲菲投来羡慕的眼光，这种感觉让菲菲十分享受。

大学的美好时光很快就结束了，毕业之后的菲菲和男友必须面对找工作这个难题。菲菲很快找到了一份工作，可是菲菲的男友却总是"眼高手低"，一直都找不到称心如意的工作。眼看两个人都已经毕业快一年的时间了，菲菲的男友却始终只能打打零工赚点儿钱，连他自己都养活不了。没有工作的时候，他就沉迷于游戏之中，花钱就向菲菲伸手。

菲菲每个月的工资只有4000多块钱，这些钱除去用来和别人合租房子和日常开销，基本所剩无几。虽然不至于饿肚子，但是这种生活却让菲菲深感疲惫。最终，菲菲选择与"校草"男友分手。分手后，菲菲经人介绍认识了自己的新男友。新男友原本在一家公司上班，跟菲菲交往之后，他想要给菲菲创造更好的生活，于是决定自己创业。

创业并不容易，但是他吃得了辛苦。创业之初，他每天工作十几个小时，有时候遇到紧急事情还要熬夜。经过一段时间的努力之后，他的事业做得有声有色。在与菲菲交往期间，从来不会花菲菲的钱，经常会带着菲菲去一些比较高档的场所吃饭，还会不定期给菲菲买一些小礼物制造惊喜。

菲菲的现任男友虽然长相不如前男友，却是一个地地道道的"潜力股"。他对菲菲细心照顾，也成功笼获了菲菲的心。

"潜力股"男人可能看上去很普通，可是他们的"内存"却非常大，懂得如何丰富自己，并且会不断吸收新鲜的知识来充实自己，让自己的提升空间变得越来越大。"潜力股"男人不甘一辈子都平平庸庸，但是也不会盲目地展现自己的能力。他们会像一张拉开的弓一样，随时都保持着一种蓄势待发的状态，只要看准机会就会立刻出手，而且只要他们决定做的事情，很大程度上都会成功。

"潜力股"男人还懂得如何利用别人的主意来赚钱。在生活中有很多人有赚钱的主意，却不肯真正付出行动去赚钱。"潜力股"的男人也许没有好主意赚钱，但是他们善于听取别人的意见，而且敢于尝试。对市场敏锐的洞察力，让"潜力股"男人在赚钱的道路上越走越顺，女人选男人就应该选择这样的。

外形好看的男人会让女人着迷，可是大多数女人都有务实的精神，任何好看的男人都会有容颜衰老的一天，与其选择一个长相好的男人，女人更喜欢选择一个腰包鼓、有责任心的男人。女人选男人的时候，不要只用眼睛看，还要用心去选，千万别被男人的外表所迷惑。

恋爱时，要算好金钱账

爱情是甜蜜的，恋爱期间总会给人们留下很多浪漫的回忆，可是我们的生活是现实的，任何恋爱的过程都是要有金钱来陪伴的。举个最简单的例子，男女朋友因为交往时并不了解，所以常常会约会来增进了解。约会的内容，无非是吃饭、看电影、逛公园等，这些都需要花钱。如果在金钱方面出了问题，恋爱关系也会随时出现问题。女人应该在面对爱情的时候多一份理性少一份感性，要用正确的金钱观念来面对恋爱这件事。

男女之间产生爱情的方式有很多种，比如日久生情、一见钟情，还有一些是经人介绍而产生的爱情。无论爱情是怎样产生的，对女人来讲，爱情最关键的是要幸福。幸福的涵盖面很广，大致可以分为两类，一类是内心世界感觉到充实，另外一类是物质生活比较安逸。任何一种幸福都要以金钱作为基础，有句话说："钱不是万能的，但是没有钱是万万不能的。"我们不提倡拜金主义，但是我们也不能过着只有爱情没有面包的日子。爱情不能当饭吃，人只有吃饱了才能有力气去爱。

在很多电视剧或者文学作品当中，都有坚贞不渝的爱情感动着我们，可是这些爱情故事都是发生在不现实的生活当中。我们生活在现实生活中，就必须面对现实才行。男女在交往之前，要先了解对方的经济状况，确定双方的经济条件足以达到可以继续交往的条件，再考虑是不是要继续交往下去。

女人很容易在爱情面前变得盲目，而且女人是感性的动物，常常会因为感性变得不理性，甚至会因为冲动做出一些让人意想不到的事情，可回头想想自己的做法，不仅鲁莽还非常可笑。有一则故事充分表示出女人面对爱情不理性的一面。故事讲的是一个女人在公交车上对一位男士一见钟情，之后开始对这个男人疯狂追求，仅仅一个星期，他们就去民政局领了结婚证。可是领证之后女人才发现，这个让她爱得疯狂的男人，却是一个嗜赌如命的人。最终，不仅女人的钱被男人全部输光，甚至连女人的房子都被抵押出去。最后女人忍无可忍，这场闪婚以离婚告终。离婚之后女人不仅变得一无所有，还背负了大量的债务。这个故事告诉我们，没有摸清楚对方的"底牌"就盲目恋爱甚至结婚，对于女人来说是一件非常危险的事情。

妮妮经家人介绍与一位男士交往，在与男友交往之初，妮妮与男友就金钱问题进行了一番谈话。妮妮是一个很理性的人，她觉得男女之间恋爱时，最好把金钱的事情说明白。妮妮提出，两个人交往时，并不需要男方负责一切约会的开销，因为她觉得要男人承担所有开销并不公平，而且这样也会让男人觉得自己很"吃亏"。经过商议，两个人决定实行 AB 制。

AB 制与 AA 制不同，AA 制是指男女之间平分所有开销，而 AB 制则是男人要承担大部分的开销，而女生要承担开销中的一部分，做到恋爱时两个人都花钱，这种做法对于交往中的两个人更加公平。此外，妮妮在与男友交往期间，还一起共同投资。因为两个人还没有结婚，所以妮妮和男友投资时赚的钱都会按照投资比例来分配，不存在一个人独吞所有的利润，两个人做到了"互不相欠"。

妮妮虽然理性，但是也不是一个不通情达理的人，男友在遇见经济困难的时候，妮妮也会主动帮忙，出一份力量去帮助男友渡过难关，毕竟两个人恋爱的最终目的都是走向婚姻，恋爱除了要有金钱做保障之外，重点还是"爱"。

妮妮恋爱时的做法十分理性，她没有被爱情冲昏头。虽然妮妮的这种恋爱方式看起来好像太过冷静，甚至有一种"公式化"的感觉，可实际上两个人交往的过程中，正是因为金钱关系比较分明，所以两个人不会为钱的事情争吵，男人也不会因为自己花了太多钱而感觉到委屈。

有些现实虽然残酷，却是我们不得不面对的。有很多男女在恋爱的时候爱得死去活来，可是在分手的时候也会因为恋爱时的一笔糊涂账而变得"难舍难分"。举个最简单的例子，男女交往期间如果合伙做生意，在分手的时候两个人的合伙生意就意味着要"解体"。如果合伙投资的过程中，所有的收入都由一个人来保管，那么分手的时候这笔账就很难算得清。无论什么时候，两个还没有结婚的人，即便自己很爱对方，在合伙投资的时候财务关系也要理清。

另外，男女交往期间千万不要发生"借钱"的事情。借钱的话题是非常敏感的，无论是男女交往，还是普通的人际交往，都很容易因为借钱的事情搞得一团糟。借钱本身就会给人的感情带来很大压力，男女交往期间无论感情再好，都不要互相借钱。因为"借"这个行为本身会让两个人的距离变得越来越远，这完全违背了两个人交往是为了拉近彼此距离的初衷。人的感情是微妙的，恋爱时两个人的神经都是敏感的，一件小事都很可能让两个人之间的感情发生变化，如果把握不好两者之间的金钱关系，原本牢不可破的爱情随时都可能功亏一篑。

不要觉得恋爱中的两个人谈钱的话题俗不可耐，其实正是因为有了钱的问题，才能够让人们更加看清爱情的本来面目，了解到浪漫背后的现实。任何感情都是建立在现实基础之上的，没有现实，任何感情都找不到归宿。

男朋友向你借钱怎么办

莎士比亚在《哈姆雷特》中有一句最经典的对白："不要向别人借钱也不要借给别人钱，向别人借钱会丧失尊严，借给别人钱会人财两空。"在社会上，甚至有这样的说法"想失去朋友吗？就借给他钱吧"。

没错，借钱给一个人，不只考验对方人品，对我们也有两重考验，一是我们是不是有足够的财力；二是我们精神上承受力是不是够大。

可是，话又说回来，每个人总有突发意外、迫不得已的事件，而每个人也总有几个值得你开口、愿意低下头来张嘴的亲人、朋友。当关系一般的人借钱时，我们可能思考的余地非常大，借与不借全在一念之间。但现在，如果是关系密切的人跑过来，说："请借我点钱周转一下。"你会怎么办呢？相信很多人会反复思量，不断纠结。

但我们现在要说的这个借钱人，不是亲戚胜过亲戚，不是闺蜜超越闺蜜，那就是男朋友了。女性遇到男朋友借钱的事应该不是偶然事件吧？这时你是爽快将自己的存款拿出来"共产"，还是皱着眉头愁肠百转呢？

许芮今年30岁，公司普通职员一枚，平时与男朋友在一起，虽然自己也会偶尔为吃饭、买东西付款，但大多数还是男方买单多。男方自己开创业，平时以软件研发谋生。两个人相识一年，在一起的时间并不是很多，因为软件研发这项工作，说起来简单，但绝对耗力费时间，有时男朋友一"闭关"就是半个月。因此，两个人谈了一年恋爱，还完全没有进入主题的意思。

可是，这天许芮突然接到男朋友的电话，软件开发遇到点问题，需要些钱，所以想问她借5万块，说软件一好就可以还她。这笔钱不算多但也不算少，对一个普通小白领，总也要攒两年才行。所以，许芮想了想，直接对男朋友说："我手头只有2万块，要不先借你用吧。"男朋友表示也可以，不过许芮马上开玩笑说："利息、软件收益分红就不要了，但借条还是要写一张，以免人家笑我倒贴。"男朋友被许芮的话逗笑了，说："放心，我会带着借条过去取钱的，只有我追你的份儿，怎么会让你倒贴呢。"

这件事之后，男朋友很快将钱还给了许芮。而两个原本关系并不怎么密切的人，却因为这件事加深了感情，男朋友认为，许芮是个大方但却聪明的人，值得他用心去爱。而许芮也认为，男朋友是个诚信又体贴女生心思的人，值得托付。这样一来，他们竟很快开始谈起结婚的事来了。

由此可见，对于男友借钱的事情，我们应该分开来看待。因为凡事都有不同，关系好的男女朋友是一回事，关系一般的男女朋友又是一回事，彼此了解对方底细的男女朋友、双方缺乏信任的男女朋友又各是一回事。当借钱这件事出现时，我们完全没必要按借钱者的身份来定论借不借钱。相反，通过自我心理上的认同或者自我标准来处理事情倒更简单一些。

以许芮来说，她与男友经常不见，但毕竟是恋爱关系，一口回绝可能显得无情。但真要将这样一大笔钱借出去，又从心底里不放心。于是将数额先"砍"去一半，然后再幽默地提出借条，这样一来，不管两个人关系会如何，这笔钱都不会是打出去的水漂儿，它总有回来的一天。若能通过这件事看清一个男人，又何尝不是一件好事呢？所以，许芮的做法，可称得上聪慧。

相反，有些男女朋友关系密切，当男朋友再提出借钱时，就会觉得不好意思拒绝，更不好意思要借条了。先不说这样做对不对，女性朋友应该有这样的考量：这笔钱如果还不回来，我会怎么样？这是一个最现实的问题，毕竟，钱是一分一分攒出来的，如果钱借出去了还不回来，那就赔了"男人"又折"米"了。试想哪个女人愿与借钱不还的男人一起度日呢？

当然，并不是说反对借钱给男朋友，但能掌控事件的事结果才是聪明女性该做的事。这时或许有人说，其实我也赞成亲兄弟明算账的方式，但就是不好意思问对方要张借条。这就要看你是哪种类型的女孩儿了。聪慧的，可像许芮一样开着玩笑要一张借条；爱撒娇的，不妨耍小性子让对方写一张借条；而不够聪慧，也不善撒娇的女性朋友，我们何不开诚布公地对男人说：我希望我们之间的关系不被金钱影响。如果这样的理智也做不到，估计两性关系相处过程中，就只剩下被动的局面了。

总之，男朋友张了口，冷漠回绝不是聪明女性做的事，但硬要装土豪也决不可取。充个话费，吃顿饭，那就权当是培养感情的投资了。但金钱超过千元以上，女性朋友绝对要有自己的思想：要么直接送给他，要么一定写借条！什么？居然还有人问如果不借给他，他不高兴了怎么办？我只想说，真有这样的男人，女性朋友还是离得远远的吧，除非你是开银行的。

婚前财产巧妙处置，构筑财产"防火墙"

近几年来，我国的离婚率逐年增长，闪婚、闪离的现象频频出现。随着离婚的案例越来越多，离婚后的财产纠纷案也变得司空见惯。不少原本相亲相爱的一家人，在离婚后不仅连朋友都没得做，甚至还因为财产的问题闹得不可开交。虽然离婚的事情谁都不想发生，但是有些时候不想面对的事情还是要发生，那么，怎样才能在离婚时确保不为婚前财产而争论不休呢？最好的办法就是在结婚之前，做一个财产公证，这样一来等于给自己的婚前财产构筑了一道坚固的"防火墙"。

也许有些人会觉得，如果做婚前财产公证，就是对婚姻的不自信，其实婚前财产公证与对婚姻的自信程度无关。毕竟，任何时候我们都无法保证两个人能够白头到老。作为女人来说，无论是自己主动提出婚前财产公证的问题，还是被动被问及这个问题，都需要保持一种慎重对待的态度。婚前财产公证是一种新生活理念，也是一种全新的理财观念，一旦婚姻里掺杂了太多的经济问题，反而会影响婚姻的巩固性，让婚姻变得岌岌可危。

做婚前财产公证并不是所有人都能接受的，因为中国人都有着比较传统的观念，即便是我们的社会发展迅速，可是传统观念依然在人们的心中根深蒂固。尤其是一些经济基础不太好的女人，更加接受不了婚前财产公证，因为她们觉得如果做了公证，那么自己就"吃亏"了。可事实上做婚前财产公证是对婚姻中的两个人的一种保障，婚前财产不属于公共财产，一旦两个人的日子过不下去了，婚前财产会得到保障。如果没有做公证，意味着离婚时两个人需要为争夺财产打得头破血流。

孟琳与丈夫结婚之前，丈夫曾经提过要做婚前财产公证，可是孟琳觉得丈夫的这种做法就是对婚姻的不自信，所以她坚决不同意，甚至还为了这件事与丈夫大吵一架，差一点儿连结婚证都没有领成。最后，丈夫只能听从孟琳的意见没有进行婚前财产公证。

孟琳和丈夫结婚不满半年，丈夫生意失败，在外边欠了大笔款，他一下子变得一无所有，只能在家做起"家庭妇男"。没有工作、没有收入的丈夫，在孟琳眼中变得十分碍眼，两个人经常因为钱的事情争吵。孟琳觉得自己很委屈，不仅要赚钱养活丈夫，就连自己的存款也拿出来给丈夫还债了。

时间又过去了一年，孟琳实在受不了这样的婚姻生活，决定跟丈夫离婚。孟琳的丈夫同意离婚，在签订协议的时候，孟琳要求丈夫偿还自己为其还债的 30 万元人民币，丈夫拒绝了，他拒绝的理由就是："我们没有签订婚前财产协议，所以你的钱就是我的钱，我的债也是你的债，我不能还你钱。"

直到这个时候孟琳才恍然大悟,她后悔结婚之前没有听从丈夫的意见签署一份婚前财产协议书,如果当时签了这份协议的话,自己也不会落到分文皆无的地步。

孟琳在结婚时总想着和丈夫天长地久厮守一生,这也是所有女人对待婚姻的一个期许,但是生活毕竟是生活,美好的愿望不一定能够照进现实,所以签署婚前财产公证是在为自己的婚姻买一份保险。孟琳因为没有签订婚前财产公证,所以她最终在离婚的时候倾尽了自己的所有积蓄,让自己变得一无所有。

两个人在最初结婚的时候,相信都是抱着同甘共苦、共同携手一生的目标。由于绝大多数人对于《婚姻法》的内容知之甚少,这样导致了处在婚姻中的两个人找不到自己的准确定位,更加不知道自己要承担的家庭义务,甚至有些人的婚姻中还掺杂了一些功利性。这样的婚姻如果没有婚前财产公证来作为保护,一旦婚变,必将是一场剪不断理还乱的纠纷。假设两个人在结婚前做了婚前财产公证,明确区分出两个人的财产中,哪些是婚前财产,哪些是婚后财产,那么即便发生婚变,两个人只需要走法律程序就好,完全不必担心会发生财产纠纷。

此外,有些时候即便做了婚前财产公证,可是在两个人离婚时依旧会出现因为婚后财产而发生纠纷的事情。由于人的财产比较多元化,所以很难分得很清楚,因此常常会产生矛盾。虽然做了婚前财产公证后,这些矛盾依旧存在,但是从某种程度上来说,发生矛盾的可能性会相对较小。

另外,还要奉劝各位女性朋友,不必将婚前财产公证看作没有"人情味"的一件事。虽然我们是为了爱情才结婚的,但是假设爱情不在了,如果有婚前财产公证,起码还能够保留自己的财产,不至于让自己变得一贫如洗。

婚礼不是用钱堆起来的

每一个女人都希望拥有一场浪漫甜蜜的婚礼，可举办婚礼往往需要涉及大笔金钱的支出，有些人觉得婚礼想要办得气派，必须要多花钱。其实婚礼并不是用钱堆出来的，只要用心来筹办，无论花多少钱的婚礼都让人觉得终生难忘。

相信每一个人在小时候，都听过爸爸妈妈对自己说过："这钱我给你存着，将来留着给你娶媳妇！"又或者说，"这钱我给你存着，将来留着给你买嫁妆！"在我们小时候，大人们常常会用这种借口收走我们的压岁钱。过去大家都觉得这是家长哄骗小孩的借口，可是长大之后才知道，原来结婚真的很费钱。

现如今人们在结婚的时候往往需要支付一大笔金钱，比如说照婚纱照、购买钻戒、租场地、办酒席、请婚庆公司、蜜月旅行、购买婚纱礼服等，每一项与婚礼有关的事情，似乎都与钱脱不了关系。处处需要花钱的婚礼，看上去就好像是给自己的钱包开了个洞一样，有时候人们为了结婚甚至还要欠债。也许有些人觉得，这些支出并不算什么，而且有很多支出的费用并不高。但是大家要知道积少成多的道理，每一样婚礼需要准备的东西可能都不是很贵，但是这些零碎的开支加起来的数目也十分可观。

举办婚礼千万不能着急，要事先做好计划。举办婚礼涉及餐饮和婚庆两个重要方面，这两个行业的价格弹性也相对较大，如果时间充裕的话，在讨价还价的时候也占有优势。准备结婚之前，先了解一下市场行情，不要等到临近婚期才去考察市场，这样很容易花冤枉钱。

此外，拍摄婚纱照也是一笔不小的支出。拍摄婚纱照的费用可以从千元到万元不等，收费标准参差不齐，婚纱照的制作质量也有所差异，因此在拍婚纱照之前一定要在当地寻找一家性价比比较高的影楼，这样一来可以省下一大笔钱。另外，现在不少影楼为了吸引顾客，常常会打"价格牌"，将婚纱照的价格调低，但是在拍照的过程中却存在着很多隐形消费的项目。比如说新娘在化妆的时候使用的化妆品、新娘的服装、新娘的首饰，甚至是拍摄的底片，都是需要另行付费的，所以一定要在拍摄婚纱照之前先将这些收费项目打听清楚，不要到拍摄完毕之后才知道原来自己"被消费"了很多钱。

宋丽丽是家里的独生女，由于父亲坚信"女儿要富养"的道理，所以宋丽丽从小到大一直娇生惯养，这也让她养成了一身大小姐脾气，不过好在宋丽丽的男友是一个脾气十分温和的男士，总是会包容她的小脾气。眼看宋丽丽与男友交往已经满两年了，双方家长都开始给两个人张罗婚事。

宋丽丽的母亲一直坚持要选一个黄道吉日，结果找人合过两个人的八字之后，竟然将婚期定在了一个月之后。两个人此前完全没有结婚的打算，一下子就将婚期定到了一个月之后，让他们感觉到措手不及，而且宋丽丽一直希望自己能够有一个终生难忘的婚礼。

无奈之下，为了满足宋丽丽的需求，未婚夫只能花高价预定她心仪的酒店，并且出高价让人赶制新娘礼服。此外，预定婚庆公司、购买钻戒、拍摄婚纱照等等，这一系列的费用加起来竟然需要10多万元。宋丽丽的未婚夫只是一个普通的白领，这样高额的费用对他来说完全吃不消，不仅花光了之前准备的"老婆本"，还欠下了一身债。

此前，宋丽丽的未婚夫早已买好了婚房，而且已经装修过，但宋丽丽却觉得装修的风格已经过时了，虽然时间紧凑，但是她还是要求简单地重新装修，加上装修费、家电费等等费用，宋丽丽这场婚礼共计花掉了18万元。事后，宋丽丽的丈夫又算了一笔账，如果他们的婚期不那么仓促，假设有半年的时间为婚礼做准备，他们至少可以省下5万元。

宋丽丽希望有一个难忘的婚礼，这个愿望对于女人来说并不过分，但是一味强求婚礼的奢华程度，伤的不仅仅是钱，还有感情。其实，很多女人在结婚的时候都没有想开一个问题：和丈夫结婚以后，两个人变成一家人，乱花对方的钱，甚至让对方家庭背负债务，这笔欠款最终还不是要自己去还吗？聪明的女人千万不要做这种傻事。

中国人结婚都想选一个黄道吉日，可是黄道吉日结婚的新人注定要很多，此时无论是找婚庆公司还是预定酒店，价格都比平时要高一些。此外，新人的结婚礼服也是举办婚礼的重头戏，一般来说很多婚纱店都会以租赁的方式出租婚纱礼服，婚纱礼服的租金大概为几百到上千元不等。不少新人觉得自己一生只结这一次婚，所以必须要选一款贵的婚纱才行。岂不知，现如今网店里出售的婚纱都很便宜，款式也要比婚纱店里的更加新颖，最主要的是购买的婚纱是属于你的，而且也是全新的，那么何必还要花钱去租一个不属于自己的婚纱呢？

  总之，举办婚礼不用太着急，多留一些日子来筹备婚礼，可以省下很多钱。另外，举办婚礼并不是排场越大越好，有时候温馨浪漫的草坪婚礼也不错，既简单又时尚，而且与众不同，花费也比租酒店场地要便宜许多。与其将钱都堆在自己的婚礼上，倒不如将钱留着以后过日子。

未雨绸缪,准备足够的生育金

都说女人怀孕的时候最美,而女人在经历怀孕之后,还需要经历一个身份的转变,从妻子变成母亲。结婚之后,想要当妈妈的女人可千万不要"两手空空"就当妈,生孩子之前一定要做好迎接小生命到来的准备,因为小小的家庭成员,同样会增加小家庭的开支,而且这笔开支从孩子还没有出世之前就要开始支出了,所有准备生宝宝的小夫妻,一定要准备足够的生育金才行。

生育金是生孩子的资本,也是一笔不小的开支。如果你想让你的宝宝在出生之后能够快快乐乐地生活,自己也不用为了钱发愁,那么就早早地开始准备好生育金吧!不少女人也许会问,生育金是不是在宝宝出生之前准备就行了?其实,生育金并不是指怀孕之后要准备的钱,而是在打算要宝宝之前就先将这笔钱准备好,因为女人从怀孕之后,就需要启动这笔生育金了。

艾米和丈夫结婚之后,很快就怀孕了,怀孕之后的艾米一直对宝宝的到来满怀期待。怀孕前三个月的时候,艾米除了每天会喝一些孕妇奶粉补充身体营养之外,几乎没有其他开销。这让艾米觉得，生个孩子似乎也没有多费钱。日子一天天过去了，一转眼艾米的孕期已经到了16周，到了16周之后的产检每次都需要有一定的开支。

女性在怀孕16周之后，胎儿在身体里的变化会越来越大，所以必须认真做产检才行。光16周这一次的产检科目就包括了检查费、化验费、材料费、治疗费等等费用，加起来一共有900多元。艾米不禁心里一惊，因为她完全没有想到，怀孕检查也需要花这么多钱。之后的日子里，每次产检艾米都会支付几十到上百元不等的费用。

除了产检需要一笔可观的费用之外，为小宝宝购买生活用品同样是一笔不小的开销。艾米给孩子准备了衣服、帽子、被子、奶瓶、纸尿裤等一系列用品，一次性花费1500元。此外，艾米还给宝宝购买了婴儿床、防护栏、枕头、床单、被罩等一系列用品，共计花费1000元。

另外，随着肚子里的宝宝越来越大，艾米也需要购买孕妇装、孕妇内衣裤等，这笔开销艾米花了1200元。宝宝出生之后，需要购买宝宝专用的洗护用品、产妇的洗护用品等，这些开销共计500元。宝宝出生之后，由于艾米的奶水并不充足，所以宝宝必须要喝奶粉。喝奶粉的宝宝除了要用奶瓶、奶嘴、奶粉之外，还需要温奶器等周边用品，这一套算下来，花费竟然高达2000元。

此前艾米并没有觉得存钱有多么重要，也没有给自己准备一份生育金，现在孩子出生之后，花钱的地方一下子多了很多。艾米和丈夫并没有什么积蓄，所以小宝宝的降生不仅没有给艾米带来多大的欢乐，反而添了不少忧愁。

艾米并没有为自己准备生育金，她一直觉得生个宝宝并不需要花费多少钱，而且她也没有将自己没有奶水的"意外"计划进去，结果突如其来的花销，难免会让艾米夫妻俩有点儿吃不消。其实，艾米的这笔账里，并没有算艾米因为生育住院的花销。现如今每一个产妇进入医院待产，一直到生产的整个过程，花费都需要在几千元甚至上万元。有一些女性因为购买了保险，所以在生宝宝的时候，保险会承担一部分的开销，但是自己也必须承担一部分费用，所以不准备生育金就生孩子是绝对不行的。

女人在怀孕初期的花销并不多，但是随着胎儿一天天长大，检查费用也会变多。按照最保守的开销来计算，女人在怀孕之前，需要准备至少一万元的生育金。因为女人在怀孕期间，除了需要支付检查费之外，还需要给自己补充营养，随着体形的不断变化，孕妇装也需要适时更换。另外，还需要给未出生的小宝宝添置新生儿用品等等，所以一万元还只是最低的生育金标准。

对于收入比较低的家庭来说，准备生育金变得更加重要，不过生育金也可以"省"出来。比如说产前检查的时候，不一定都要挂特需号，普通检查同样可以确保检查效果。至于婴儿床也不一定非要买新的才行，因为婴儿床的使用时间并不长，所以如果自己的亲戚或者朋友家有换下来的婴儿床，完全可以接着利用。又或者不购买婴儿床，而是直接购买儿童床。因为婴儿的体形比较小，婴儿的成长速度也比较快，所以直接购买儿童床，将来孩子长大后也可以继续使用。

有些妈妈因为没有母乳，不得不给自己的宝宝喂奶粉喝，而喝奶粉的宝宝需要花费比较多的奶粉钱。除了奶粉比较贵之外，奶瓶、奶嘴、消毒锅、温奶器等一系列产品的价格也不便宜。建议各位妈妈，为了省钱，不购买消毒锅也是可以的。现在市面上一个奶瓶消毒锅的价格都在几百元甚至上千元不等，而消毒锅实际上起到的作用仅仅是给奶瓶消毒而已。我们可以将奶瓶放在蒸锅中加热，也可以将奶瓶放在沸水中煮，同样可以起到消毒的作用，这样一来就可以省下一笔购买消毒锅的钱了。

但无论你究竟有多么会省钱，为自己准备一笔生育金都是非常重要的，生育金可以应付不时之需，也可以防止生活中发生的一些措手不及的事情。已经打算为人父母的人，在要宝宝之前，不妨先问问自己："生育金准备好了吗？"

不要轻易为伴侣提供贷款担保

伴侣之间一起生活，难免会有财务上的往来，尤其是对一些一起创业或者买房、买车的伴侣来说，贷款往往是难以避免的一件事情。提起贷款，很多人都不以为然，觉得既然自己的伴侣需要提供贷款担保，那么作为另一半当然要义不容辞地为其做贷款担保了。事实上，贷款担保并不是一件简单的事情，这其中牵涉了很多问题。

只要你成了贷款的担保人，那么你需要面对的将是严肃的法律问题，所以说这种行为不是单纯的感情行为，而是一种法律行为。既然提供贷款担保是一种法律行为，那么担保人必须承担严重的法律后果。当债务人不能够如期偿还之前的贷款，担保人就必须按照法律规定，承担连带责任，这种连带责任并不受到债务人的能力限制。即使债务人没有任何偿还能力了，这种连带责任也是存在的，所以办理提供贷款担保一定要谨慎。

此外，已经是伴侣的两个人，在为对方提供贷款担保的时候，一定要清楚了解对方的财务状况。因为一般情况下，如果银行要求提供贷款担保人的话,则说明债务人的抵押品已经为其他贷款抵押,没有可抵押品时只能找人提供贷款担保。这类人通常都背负着银行债务,甚至偿还能力已经超出了自己的综合能力,如果为其担保,会存在很大风险,所以提供贷款担保一定要三思而行。另外,如果你的伴侣本身有可以抵押贷款的抵押品,可是他却不愿意用抵押品贷款,偏偏要求你帮他做贷款担保,这种情况更应该小心,因为提供贷款担保的风险非常大,稍有不慎很可能给自己带来很多麻烦。

艾拉和丈夫认识仅仅三个月,就迅速领取了结婚证。结婚之初,艾拉的生活过得十分安逸,丈夫对她百般疼爱。可是好景不长,两个人仅仅结婚半年的时间,艾拉的丈夫因为生意出现问题,经济状况也十分堪忧。

艾拉和丈夫结婚之前,丈夫买了一套新房作为爱巢,由于当时他们并没有领证结婚,所以房本上并没有艾拉的名字。婚后,艾拉也与丈夫一同偿还房屋贷款。现在丈夫不仅生意失败了,外边还欠下了一大笔债务。债主们天天上门讨债,闹得艾拉生活不得安宁。艾拉的丈夫提出要向银行贷款,但是银行却要求艾拉的丈夫必须找一个贷款担保人才行,否则是绝对不能借钱给他的。自从艾拉丈夫生意失败之后,他之前交往的朋友也都一个个离他而去,现如今能做贷款担保人的也只有艾拉一个人了。

艾拉当时想都没想,就做了丈夫的担保人。结果让艾拉没有想到的是,银行贷款下来之后,丈夫竟然离奇失踪了。艾拉到处寻找丈夫,却毫无结果。就在丈夫消失三个月之后,艾拉收到了一份离婚协议书，伤心欲绝的艾拉同意了离婚。原本以为离婚之后就可以过上新的生活，可是没想到刚离婚不久，艾拉竟然收到了银行的催款单，要求艾拉偿还银行的贷款。

艾拉认为自己没有向银行借钱，所以拒绝还款。最终银行将艾拉告上了法庭，无奈艾拉只能听从法院判决，帮助已经离婚的丈夫承担债务。

艾拉明明已经离婚了，可是为什么银行还要找她来偿还前夫拖欠银行的贷款呢？这是因为艾拉之前做了前夫的贷款担保人，所以无论他们之间有没有婚姻关系，身为贷款担保人的艾拉都需要承担连带责任。既然债务人无法偿还银行的贷款，那么艾拉就必须要替债务人去偿还。

法律规定，担保责任分为一般保证和连带责任保证。

一般保证是指，先有主债务人履行其债务，只有在对其财产强制执行而无效果时才由保证人承担保证责任。在主合同纠纷未经审判或者仲裁，并就主债务人的财产依法强制执行无果前，保证人对债权人可拒绝承担保证责任。一般保证是一种补充性的保证。

连带责任保证指的是债权人可以直接要求债务人和担保人任何一方承担责任，不受债务人有无能力的限制。

这条法规已经明确指出，贷款担保人是不能随便当的，因为要承担的是严肃的法律责任。债务人一旦出现逾期不还款的情况，那么吃苦的只有贷款担保人了。

无论你们的关系有多么亲密，即便是伴侣之间，也不要随便为对方提供贷款担保。尤其是一些认识不久就结婚的伴侣，两个人之间的了解并不深，在对方要求你做贷款担保人的时候，一定要思虑周全。

　　世界上肯定有坚贞不渝的爱情，但是俗话说："夫妻本是同林鸟，大难来临各自飞。"这句话也告诉我们，并不是所有的夫妻都会在危难的时候帮对方一把，有的人还会为了保全自己做出伤害对方的事情。结婚时间不长，对伴侣的经济状况了解不多的女人，千万不要为对方提供贷款担保。无论对方怎样求你做担保，最好都不要答应，以免后患无穷。

婚姻失去的时候,抓牢属于你的钱

现如今,很多 80 后、90 后都已经结婚生子,其中很多都是独生子女,从小一个人长大,养成了独立的性格。这种独立的性格虽说有好处,但是也有坏处。因为性格过于独立,很多时候他们容易固执己见,与人相处时也容易因为意见不合而发生矛盾。

在人与人的相处中,夫妻关系无疑是最难相处的。无论是同事关系还是朋友关系,人们都会抱着"好则来,不好则散"的原则。可是在婚姻关系当中,不好的时候想散却也没有那么容易。

两个人结婚后,无论生活在一起有多久,都必须要面对一个特别俗的问题——"钱"。一旦走到了离婚的地步,就一定要面临分财产的问题。可是偏偏有些人却无法分得清楚,甚至有很多女人在丢掉了婚姻的同时,把属于自己的钱也一起丢掉了。在离婚的问题上,女人永远都是"受害者"。

人们常说:"男人四十一朵花,女人四十豆腐渣。"由此可见,男人年龄越大越有魅力,而女人则不同,女人只要年龄超过 40 岁,基本上就已经没有男人缘了。因此,就离婚这件事来说,女人受到的伤害要远远多于男人。

女人在婚姻生活当中，一定要把握好属于自己的钱。无论你的婚姻看上去有多美满，无论你与丈夫有多么相爱，都应该保留一份属于自己的钱，这份钱就是对你今后生活的保障。毕竟人的性格是多变的，每个年龄段的男人看待事情和看待女人的视角都会发生变化，一旦男人提出离婚，女人将变得一无所有。

李丽娟与丈夫结婚已经十几年了，两个人的生活虽然算不上浪漫，但是过得平淡且幸福。

去年，李丽娟与丈夫一起合开了一家五金店，一共投入了35万元，其中有28万元的资金都是李丽娟多年辛苦上班，省吃俭用省下来的血汗钱。

五金店刚开业的时候生意并不好，但是李丽娟的丈夫能言善辩，十分讨客人的喜欢，经过一段时间的推销之后，店里的生意越来越好了。

虽然李丽娟平时在店里看店，可是店里的所有账目全都由丈夫一个人负责。每个月去外边结算货款，也都由李丽娟的丈夫独自去。

李丽娟从来没有想过，这竟然给自己以后的悲惨命运埋下了伏笔。随着五金店里的生意越来越好，李丽娟发现自己丈夫回家的次数越来越少。

起初，丈夫经常说自己在外边谈业务，而李丽娟对丈夫的解释丝毫没有怀疑，还很心疼丈夫太辛苦。

一天，李丽娟的丈夫又是一夜未归，第二天一早才醉醺醺地从外边回来,身上弥漫着很大的酒味。李丽娟知道丈夫昨天晚上一定喝了很多酒,于是给丈夫洗了一块毛巾擦脸。就在擦脸的过程中,她发现丈夫脸颊上有一个红色的唇印,这个唇印对于李丽娟来说简直就是晴天霹雳。丈夫酒醒之后,两个人为此大吵一架。于是,丈夫主动和李丽娟提出离婚,并且提出让她净身出户的要求。

李丽娟自然不接受,她向法院提出上诉。可是打官司的时候,李丽娟根本拿不出任何证据证明投资五金店的28万元是自己出的。于是法院认定,这只是一笔夫妻二人的共同财产。

至于五金店的收入问题,由于五金店里的账目一直由李丽娟的丈夫一个人负责,所以李丽娟对经营情况一无所知。李丽娟的丈夫一口咬定,五金店经营不善,一直处于赔本状态。最终,李丽娟和丈夫离婚了,她没有得到任何钱,只得到了一处还需要还贷款的房产。

李丽娟与丈夫过日子死心塌地,完全没有对丈夫产生任何戒备心,因此她将自己辛苦赚来的血汗钱全部用来与丈夫一起投资创业。可是令她万万没有想到的是,丈夫竟然在创业成功之后,将她一脚踢开,还险些让她走投无路。

世人们都爱说女人善变,岂不知最善变的还是男人,女人善变只是喜欢改变自己的主意,而男人善变改变的却是自己的心。

女人应该有自己的理财能力,尤其是与丈夫一起创业的女人,即便你的丈夫是一个理财高手,你都要将钱放在自己的身上,不要将两个人赚的钱都放在一个人手上。

俗话说:"男人有钱就学坏。"这句话在某种程度上来说并不是一点道理都没有，尤其是在这个充满物质的社会里，婚姻的变数很大，所以将钱牢牢抓在自己的手上，起码可以在丢掉了婚姻的时候，还有钱能够陪伴你继续生活。

课后总结

无论男女之间的感情发展到什么程度,谈钱永远都不会"伤感情"。

俗话说:"男怕入错行,女怕嫁错郎。"选男人不要只看外表,而要选择一个"潜力股"男人。

谈恋爱的时候,两个人的财务更要分明。情侣之间借钱,往往可能有去无回,这样既伤了金钱,也伤害感情。

无论贫穷还是富有,婚前财产公证都很重要,只有巧妙处理好婚前财产问题,婚后自己的财产才更有保障。

举办婚礼时,不要为了虚荣心而故意将婚礼办得铺张浪费,将钱都花在筹办婚礼上,日后心疼这些钱的人只有夫妻两个人。

千万不要觉得先把孩子生了,之后再赚钱去养活孩子来得及。养一个孩子的费用往往超出了你的想象,现赚现花势必来不及,所以为自己准备足够的生育金十分重要。

婚姻中,无论你对伴侣有多么信任,都不要轻易为对方提供贷款担保。

女人应该给自己留一条后路,确保自己的婚姻和钱不会一起失去。

第八课

规划家庭财务,不做"败家"媳妇

> 善于规划家庭财务的女人可以将家庭打理得井井有条,还会财务进行合理的规划,让生活越过越好。聪明的女人想把日子过得更好,一定要懂得合理规划家庭财务,千万不要做"败家"媳妇。

先理清家庭财务,再开始理财

俗话说:"巧妇难为无米之炊。"女人在做一个善于理财的贤妻良母之前,首先要理清楚家庭财务。家庭财务主要包括家庭财产、家庭收入、家庭支出,了解清楚家庭财务状况后,要合理制定生活支出预算,做好这些之后才能够开始理财。

在中国式的家庭生活中,女人不仅扮演着家庭主妇的角色,还要承担一个管家的责任。一般来说,家庭中掌管财务大权的都是女人,而女人懂得理财是非常重要的。家庭财务的统计包括房产、电器、家居、车子等等,这些实物财产的购买单据一定要收纳在一起妥善保管,尤其是一些比较重要的单据,甚至还需要永久保存。做好这一步,才能够更好地管理好家庭财产。女人一定要对自己的家庭财产做到心中有数,这样一来才更有利于理财时进行"开源节流"。

家庭收入的统计也十分重要,收入指的是各种现金收入,例如房屋的租金、工资、生意盈利等等,只要是现金或者是银行存款,都要计算到家庭收入当中,并且要对收入的来源进行详细的分类。

其中，所有不能带来现金或者银行存款的潜在收入，都不能够计算在家庭收入当中，而应该列入"家庭财产统计"当中。比如说，购买养老保险后，这份保险金要在指定年龄才能够领取，那这份收入就不能列为家庭收入。

家庭支出是家庭理财的重要组成部分，也是最烦琐、最复杂的一部分，因为日常生活中每一个家庭每一天都会有一定支出，而且一些支出项很零碎，统计起来比较麻烦。建议采用记账或者电脑软件来统计家庭支出，这样可以计算得更加精细。统计家庭支出必须坚持每天记录，这样一个月下来才能够了解家庭支出的状况。

做生活支出预算时，一定要合理，不要一味地为了省钱而让全家人都勒紧裤腰带过日子。因为理财的目的并不是要控制家庭的消费，更加不是对家人吝啬，而是了解自己的钱都花在了哪里，钱花得究竟合理不合理。

露西和丈夫是裸婚，他们结婚的时候一穷二白，没有房子没有车子，所有的财产只有两个人每个月的工资。露西是一个很善于理财的女人，她会将每个月的家庭支出记下来，并且将家庭支出分为固定性支出、必需性支出、生活费支出、教育支出、疾病医疗支出以及其他各项支出。这六项支出当中，固定支出是指每个月都固定不变的支出，例如：房租、保险费、按揭贷款等等；必需支出是指水电费、交通费、通信费等；生活费是指米、油、菜等伙食费，其中还包括水果、牛奶等其他营养费；教育费是指自己和丈夫学习类的支出，孩子的教育支出；疾病医疗支出主要根据实际支付的现金来计算（有医疗保险则计算报销后实际支出的金额）；其他各项支出指份子钱、服装费、应酬钱等等。

这些家庭支出看上去种类繁多，如果单单用纸笔来计算很复杂，但是懂得使用电脑软件则不同了。露西在电脑上使用 Excel 记录，每一项记录不仅看上去工整，而且很容易计算支出的金额。她在结婚之初就养成了统计家庭支出的好习惯，所以每个月她都会根据上个月的支出情况制定一个全新的生活支出预算。

结婚仅仅两年的时间，露西和丈夫就积攒了不少存款，他们还将这笔存款交付房子的首付，从裸婚一无所有到结婚两年就买了房子，如果不是露西理财有功的话，仅凭他们的工资想买房子并不容易。

露西的理财方法看起来有些烦琐，却非常科学，而且可以一目了然地看出自己的钱究竟都花在哪里了。现如今物价越来越高，很多时候我们还没有感觉到花钱，钱就花光了，如果不好好做支出统计，很难发现自己的钱究竟都花在哪里了。露西认真记录每个月的家庭支出，并且总结支出情况，将不该花的钱省下来，钱就这样慢慢存了起来。

了解自己的家庭财务的过程中，还应该考虑折旧的问题，比如说家中的家用电器、家具、车子、房产以及装修等等。举个最简单的例子，我们在购买车子的时候，人们常说车子买到手之后就要折旧，而这个折旧的价格就等于一部分支出。很多人都喜欢说，我当初买某些东西时，花费了多少钱。可是，这个"当初"就说明你已经使用了一段时间，而在这段时间里，这件东西很容易出现价格下调、商品损坏等问题，这些问题都意味着家庭财务总金额要受到影响，所以在统计家庭财产的时候，一定要考虑折旧的问题。

最近几年来我国的房价起起伏伏，跌宕起伏的房价堪比股市行情，房价上涨的同时，也意味着家庭财产发生了改变。当房价增长时，家庭财产也随之增长，相反房价掉落的时候，家庭财产也面临缩水的问题。统计家庭财务，根据自己家庭的实际情况制订理财计划，这样才能够做到合理理财。

因"家"制宜，制订理财计划

　　每一个人的家庭情况都有所不同，所以在制订理财计划的时候，不能照搬他人的理财计划，应该因"家"制宜，制订适合自己家庭的理财计划。理财计划应该要根据自己家庭的财务状况来制定，这样理财的目的才更加明确。相信每一个女人都想在如花似玉的年纪里活得光鲜亮丽，人到中年之后，让自己散发出优雅成熟的韵味。想过上这样理想的日子，必须要有计划理财才行。一个女人对于理财的态度，可以决定她未来的生活状态。

　　女人只有掌握了理财知识，才能够成为金钱的主人，在年轻的时候开始制订理财计划，合理支配自己的财富，让自己走上科学理财的道路。通常理财涉及消费计划、储蓄计划、债务计划、还债计划、保险计划、投资计划以及晚年生活计划。其中消费计划是指每个月决定要拿出多少钱来进行消费，储蓄计划是指每个月要固定在银行内存多少钱。提到债务计划很多人都会嗤之以鼻，觉得自己最好和债务绝缘。其实，有债务也未必是一件坏事，因为生活中我们会买房、买车，当手中的资金不足时，必须要借钱才能够购买,所以借债生活也是非常正常的事情。借债可以让人避免缺钱的尴尬,也能够让人把握住更好的投资机会。虽说借债有很多好处,但是借债一定要有上限,必须要将借债的金额控制在一定范围之内,并且尽量降低自己的债务成本。

欠钱还钱是天经地义的事情,既然有了债务,势必要及时还债。如果是分期付款,每个月还债的金额必须要在自己的能力范围之内。如果经济实力并不好,那么最好少借钱,因为欠债之后,如果不能按期还款的话,无论是自己的人际关系还是自己的信用,都会受到一定的影响。聪明的女人,一定要在借钱之前,先做好还钱的准备。

对于一些收入稳定的女性,购买保险是非常有必要的,保险可以给我们的财产带来保障,能够在发生意外的时候,确保不会因为意外而影响正常的家庭生活。当财富逐渐累积时,可以适当考虑做投资。投资的方式有很多种,女人投资时一定要根据自己的实际情况来做选择,切忌做一些自己完全不懂的投资,以免经验不足导致投资失败。

拥有安定的晚年生活是每一个人的梦想,无论自己的儿女有多么孝顺,自己的丈夫有多么爱你,女人都一定要购买养老保险,此外还要在年轻的时候预留一部分养老金,作为意外应急之用。理财之前,一定要清楚了解自己家庭的具体情况,只有量身打造的理财计划,才最适合自己的家庭。

辛妮与丈夫结婚已经5年了,他们的宝宝今年3岁半,已经上幼儿园。自从孩子上了幼儿园之后,辛妮再也坐不住了。随着孩子一天天长大，家庭开销越来越多，如果辛妮不出去工作的话，单单依靠每个月丈夫赚的工资生活，三个人的生活将变得很拮据。于是，她决定要出去上班并且为家庭制订一个理财计划。

辛妮丈夫每个月工资为12000元，现在他们所居住的房子每个月需要还房屋贷款5000元，孩子每个月托儿费1800元，三口之家一个月的开销大约为4000元。这样算下来，每个月辛妮家仅能剩余1200元钱，如果遇见婚丧嫁娶还需要随份子，最终可能连1200元也剩不下。辛妮在工作期间，根据自身家庭的情况，决定给自己和孩子购买保险，虽然购买保险需要有一定花费，但是在自己与孩子发生意外时，保险可以帮助缓解一些经济压力。

辛妮工作之后，每个月的工资为6500元，自从有了这笔收入，她的理财计划又有所改变了。她决定每个月拿出2000元存在银行里，将来留给孩子上学用。余下的钱则拿去购买一些风险小的股票，虽然股票赚的钱不多，但是要比存在银行里好很多。

在辛妮不断改变理财计划同时，她的家庭经济状况也变得越来越好。随着时间的变化，我们的生活也在时时刻刻地发生着改变，所以理财计划也要与时俱进。举个最简单的例子，两口之家与三口之家的理财计划会有着明显区别。当女人做了妈妈之后，必须要为自己的孩子考虑，教育就是一个不得不面对的问题。正所谓"穷什么都不能穷教育"，所以一定要为孩子预留出教育基金。

生活中还有一些女人理财时丝毫不考虑家庭状况，只遵照网络上的理财"成功案例"生搬硬套在自己的家庭里，这种情况下的理财效果可想而知。在生搬硬套没有取得效果之后，很多女人都会抱怨网络上的理财知识都是骗人的。其实，网络上的理财知识并不是骗人的，只不过你没有因"家"制宜，选了根本不适合自己家庭的理财计划。

制订符合自己家庭情况的理财计划时，首先要了解自己的家庭财务状况，之后给自己设定一个理财目标，再根据理财目标制订理财计划，这样制订的理财计划才更实用。

记账是最常见的理财技巧

　　账单的作用是可以记录人们的消费"轨迹",通过查看账单可以了解自己钱的去向。有些女人觉得记账是一件特别麻烦的事情,尤其是一些比较零散的账目,记起来会让人觉得更加困难。其实,记账是人们平时最常见的一种理财技巧。

　　有记账习惯的人,常常会在身上准备一个小账本,随时随地将花销记录下来,这种行为在一些没有记账习惯的人眼里看来很"奇葩",那是因为他们根本不了解记账的好处有哪些。而且,随着如今科技的进步,有很多手机 APP 都可以随手记账,更省去了携带账本的麻烦。记账的好处在于可以记录每一笔消费详情,便于统计每个月的消费总额,也可以方便对比每个月的消费情况,这样做有助于了解自己将钱花在了哪些不必要的地方。即便自己没有刻意去改正乱花钱的习惯,自己的潜意识里也会让自己养成一个节俭的好习惯。

　　此外,记账也有助于人们做出更好的理财计划。如果生活中没有记账的习惯,一定会出现自己不知道钱花到哪里去了,钱就已经花光的事情。没有账本，钱的去向就成了一个谜，如果有账本的话，每一笔消费都会有据可依。

小凡和小芳在同一家公司上班，她们既是要好的闺密，也是一对合租客。她们每个月领的工资数量一样多，可是每次到月底的时候，小芳的钱早已经所剩无几，而小凡不仅银行里的存款越来越多，自己的生活品质与小芳相比也丝毫不逊色。

小芳觉得小凡一定是偷偷做了很多赚钱的生意，要不然两个人每个月领同样多的工资，为什么自己的生活过得那么拮据，而小凡的日子却过得那么安逸呢？

小芳忍不住问小凡："你老实交代，是不是自己偷偷做了什么投资没有告诉我？"小凡一脸委屈地说："我们每天都在一起，你见我做什么投资了吗？"小芳不解地问："那你的工资怎么每个月都花不完，而我的工资却不够花呢？"

小凡一听小芳这么说，立刻从自己的桌子抽屉里拿出了一本笔记本。小芳翻开笔记本之后非常吃惊，因为笔记本里密密麻麻记录的全都是小凡每天的消费记录。大到家用电器，小到一瓶矿泉水，每一次消费都被记录在笔记本上。

小凡对小芳说："这就是我省钱的秘密武器，每个月我都会把开销记在这个本子上，月底的时候我会将所有的消费做一个总结，了解一下自己的钱究竟花在了哪里。下个月花钱的时候，就会在上个月浪费钱的地方做调整。"

小凡省钱的方法其实一点儿都不高明，很多人都知道，能做到的人却很少。只可惜生活中绝大多数人都没有记账的习惯，这也导致他们无论如何都无法走出"月光族"的魔咒。小芳不是赚得不够多，而是花得不够精，如果能够养成记账的好习惯，相信日子一样可以过得很安逸。

记账除了可以让我们知道钱都花到哪里去了，还可以让我们养成计划消费的好习惯。有些人之所以钱总是会不知不觉就被花没了，很多时候是因为喜欢逛超市。每一家超市会不定期做打折活动，即便超市没有举办打折活动，超市里的个别产品也会打折。当人们漫无目的地逛超市的时候，很容易见到什么买什么，这样一来很容易花费太多冤枉钱。

不想做这样的败家女，可以在每次购物回来之后，立刻将自己的购物明细记录下来，方便总结自己的钱都花在什么地方了。如果光知道记账不懂得总结，记账等于做无用功，想掌握更多理财技巧，不妨先从记账开始。

谙熟家庭税务操作技巧

税务与我们的生活息息相关，每个家庭都需要交税，所以谙熟家庭税务操作技巧十分重要。家庭生活离不开金钱的支撑，如果不了解与钱紧密相关的家庭税务，会在不知不觉中浪费很多钱。举个最简单的例子，每个月无论是上班族还是自己创业的人们，都要涉及交税问题。上班族的月收入要交税，创业的人的各种收支也需要交税。就连我们日常生活的各种必需品，其实背后也隐藏着各种各样的税。

很多女人都喜欢购买进口香水和化妆品，这些进口香水和化妆品都需要上税，而这个税费是非常可观的。房价上涨的时候，大家千万不要觉得贷款买房是一件非常容易的事情，更不要觉得只存够一个首付钱就可以了，因为买房子的费用并不只有贷款和首付，还涉及土地增值税、土地使用费以及房产税，仅仅这几项税费加在一起就是一笔不小的费用。由此可见，家庭税务不容小视。

购买车辆同样也需要上税，车辆的税费需要根据车辆的排气量大小来计算，排气量越大的车辆税额越高。另外，进口车同样需要上税，而且税费同样很可观，有些价格比较昂贵的进口车，税费金额甚至高得令人咋舌。生活中如果对这些家庭税务不了解，很容易陷入交费误区当中，花很多不该花的冤枉钱。

媛媛在一家私企上班，每个月的工资大约为1万元，每个月她都要缴纳800多元个人所得税。此外，媛媛每个月还将缴纳四险一金，其中养老保险占8%，缴费金额为800元；医疗保险占2%，缴费金额为200元；失业保险占1%，缴费金额为100元；住房公积金占8%，缴费金额为800元。交完所有的税费之后，媛媛每个月的实际收入仅为7000多元。

媛媛还是一个地地道道的香奈儿粉丝，她喜欢香奈儿的化妆品，以至于自己每个月的工资都要拿出来一部分购买香奈儿。媛媛最喜欢香奈儿19号香水，100毫升的这款香水专柜价为1185元，进口化妆品需要缴纳的税费非常高，消费税、关税和增值税加起来，一瓶100毫升的香奈儿19号的税费竟然达到了675.45元。

媛媛为了上班方便，决定买一辆车代步，一直喜欢德国车的她，看中了一辆售价为32万元的德国车。她没有考虑到进口车的税率问题，一门心思觉得自己买一次车，一定要买一辆自己心仪的车子。一辆报关价为32万元的德国进口车，所有的税费加在一起，竟然高达7.7万元之多，这笔高昂的税费占整辆车售价的24%，高额税费让媛媛咋舌。

媛媛不懂得家庭税务的操作技巧，因此花了不少冤枉钱上税。媛媛并不属于低收入人群，因此个人所得税的起征点高低对她的收入影响并不太大。但对于收入比较低的人群来说，个人所得税的起征点不同，所交税费就相差甚远了。

女人对进口化妆品往往没有什么免疫能力，可是如果在国外购买进口化妆品，需要缴纳高昂的税费，这笔税费很可能占化妆品总价的40%左右，这么高额的税费无形中让化妆品的价格增长了不少。其实，购买进口化妆品完全可以去香港，税费要比国外直接进口的便宜很多。

购买进口车辆也是如此。有些进口车辆报价并不高，可是到了国内之后售价却高得惊人，其中包含了昂贵的税费。其实，现如今很多国产汽车品牌性能丝毫不逊色于进口车辆，所以不妨多考虑购买国产汽车。

家庭信贷消费大有学问

家庭信贷的出现刷新了信贷在人们心目中的传统印象，传统的信贷都需要财产做抵押，家庭信贷则不需要。

家庭信贷是时下银行推出的新型贷款业务，这种信贷比较方便，贷款时只需要家庭成员们签字即可，贷款一般当天就可以办好。一定有很多人会奇怪，为什么家庭信贷不需要做财产抵押也可以贷款，这是因为家庭信贷是一项"文明家庭道德信贷"工程，用文明来做担保，用道德作为抵押，可以帮助一些没有财产又想创业赚钱的家庭致富。

家庭信贷这种方便的贷款形式，虽说可以帮助资金短缺的家庭解决燃眉之急，可其中也有着大学问。由于家庭信贷需要家庭成员一起签字，所以如同家庭成员做了贷款保险人，这就意味着家庭成员需要承担相关的法律责任，贷款时一定要谨慎。

凯莉和丈夫结婚后，一直想要自己创业赚钱，可惜两个人家境平平，都拿不出创业资金。后来，凯莉的丈夫决定申请家庭信用贷款，需要凯莉与自己一起签字办理。凯莉急于想要拿到创业的启动资金，于是毫不犹豫地签了字。

签字之后，凯莉很快拿到了贷款，两个人立刻着手开始创业。可惜，两个人并没有什么创业经验，对于市场的预判也不足，所以经营了一段时间也没有起色，最后以失败告终。创业失败后，两个人仍需要偿还贷款。

在贷款之前，为了能够减少贷款利息的支出，他们选择了等额本金还款的方式来还款，结果没想到创业道路的不顺，让他们的还款压力变得巨大。

凯莉夫妻俩因为不懂得家庭信贷消费中的学问，陷入了一筹莫展的处境。

家庭贷款有两种不同的还款方式，一种为等额本息还款方式，另一种为等额本金还款方式。其中，等额本息还款方式需要贷款人支出较多的利息，但是每个月需要还款额是相同的，因此还款压力相对比较平衡，适合一些刚刚创业，并没有较多稳定收入的人选择。

另外一种等额本金还款方式，需要支付的贷款利息比较少，但是前期还款金额比较多，相对来说还款压力也比较大。一般来说，选择等额本金还款方式的人多为有稳定高收入的人群，不适合贷款创业的人选择。

家庭信贷办理起来方便，而且不需要财产作为抵押，只要家庭信誉好、家庭成员愿意签字做担保即可。这样的方便条件，解决了担保难、缺少抵押品的问题,让很多有创业想法的人有了创业资金。

但是,家庭信贷也是贷款,同样需要缴纳利息,并且需要在指定期限内偿还,因此在贷款前一定要慎重考虑创业计划,以免造成经济损失。

控制好家庭休闲娱乐支出

有些人总觉得赚的钱永远不够花,自己辛苦赚来的钱,不知不觉就被花光了,这些钱都花到哪里去了呢?人们往往会将注意力集中在"看得见"的花费上,例如:购买衣服、食物、日用品等等,这些看得见的消费让人能够找到钱的去向,可是一些"看不见"的消费却常常让我们的钱悄悄被花光。相信每个家庭每个月都会有一些休闲娱乐项目,比如聚会、旅游等等。这些休闲娱乐项目实际上是一笔很大的开支,如果控制不好这笔开支,就很难存下钱来。

此外,有些人喜欢讲排场,常常会选高级餐厅、酒吧、KTV作聚会场所,这些场所的消费要比普通的聚会场所高很多。去普通的聚会场所聚会,一场聚会下来可能只需要花千元左右,可是去一次高级场所聚会,花费的钱可能需要几千甚至上万元。聚会的宗旨是沟通感情,如果没有特殊情况,达到聚会效果即可,不要一味地讲究排场而伤了自己的钱包。

小慧和丈夫有一个共同爱好,那就是——泡吧。他们当初就是在酒吧认识的，现在他们结婚后，依旧喜欢泡吧，还被当地酒吧里的工作人员称为"神雕侠侣"。小慧的丈夫有一间自己的小公司，而小慧在一家外企上班，他们每个月的收入大约为4万元。

在外人眼中看来，4万元算是比较高的收入了，一对小夫妻生活应该已经足够用了，可是小慧夫妻俩却每个月都闹经济危机。一到月底的时候，小慧因为钱花光，不得不到父母家蹭饭吃，甚至有时候还会伸手向父母要钱。小慧的父母很不理解，为什么两个年轻人每个月赚那么多钱都能花光，钱都去了哪里呢？

每次说到钱的去向，小慧总觉得十分委屈，虽然钱一直都由她来管理，可是她却不知道钱是怎么花光的。后来，小慧的丈夫因为意外腿骨骨折，接下来的一个多月里，小慧一直专心在家陪护丈夫，基本上足不出户。结果一个月下来，小慧发现自己和丈夫的存款竟然多了2万多块钱，此时小慧才恍然大悟。原来自己和丈夫的钱并没有花丢，而是花在了休闲娱乐方面。

如果不是小慧的丈夫发生意外需要在家里休养，相信小慧还无法想通自己的钱花在了哪里。因为在小慧的心里已经将泡吧作为生活的一部分，她和丈夫不觉得这种行为是一种消费，可久而久之，钱就这样被莫名其妙花光了。

每个家庭都需要有一定的家庭休闲娱乐消费，这样家庭生活才会显得不枯燥乏味，可是家庭休闲娱乐消费也要有个度，任何时候都不能超越收入的数额。无论你有多么富有，都不能肆意挥霍自己的钱财。对于我们普通人来说，储蓄钱财是不得不做的。有人计算过，按照世界的标准利率来计算，如果每天储蓄1元钱，那么88年之后,人们的储蓄金额将达到100万元。88年对于人们来说时间太过漫长,可是假设每天储蓄2～3元钱,那么10年、20年之后同样是一笔不小的财富。

得到财富比较简单,但管理财富比较难。俗话说:"男人是挣钱的耙,女人是存钱的匣。不怕耙子没有齿,就怕匣子没有底。"女人作为管家婆,一定要学会省钱节流,不要让家庭的财富从自己的手中悄然流走。

课后总结

　　想要规划好家庭财务，首先要理清家庭财务状况，再量身打造一个适合自己家庭的理财计划。

　　如果没有理财的经验，不妨先学会记账，因为记账是最常见的理财技巧，可以帮助人们掌握每个月的开销去向。

　　每个家庭都不可避免地要与各种各样的税务打交道，如果不懂得家庭税务的操作技巧，很容易在税费上吃大亏。

　　家庭贷款消费中隐藏着很多大学问，稍有不慎就会影响到自己的银行信用，更有甚者还会因为无法如期还款而惹上官司。

　　在紧张的生活中，休闲娱乐可以让人们身体和精神都得到放松，可是切记要控制好家庭休闲娱乐支出，不要让休闲娱乐成为家庭负担。

第九课

工资花不完，学会钱生钱

> 工资是人们重要的经济来源，每个人每个月的工资金额都是有限的，如果消费时不加以控制的话，再多的工资也会被花光。不过，如果女人学会钱生钱的方法，有限的工资也会够花。

信用卡：用银行的钱埋单

提到信用卡，很多人都不陌生。信用卡给人们消费带来了很大方便。合理使用信用卡不仅可以让信用卡成为一种理财工具，还能够让信用卡成为自己的赚钱工具。

信用卡拥有"免息还款期"以及"透支"两个强大的功能，人们也因此对信用卡爱不释手。但绝大多数的持卡人并不懂得如何利用信用卡理财，只是一味地觉得使用信用卡消费比较方便。聪明的女人善于发掘信用卡的各项优惠功能，会巧妙地用银行的钱来为自己省钱和付息。

崔小姐独自在外打拼多年，手中已经有了一大笔积蓄。为了把这笔钱利用起来，她购买了一套住房。为了买房，崔小姐基本上已经花光了手中所有的积蓄，可是房子买完之后还需要面临装修的问题，这可把她给难住了，因为买房子已经花掉了很多钱，让她元气大伤，根本没有多余的钱用于装修了。

就在崔小姐一筹莫展的时候，朋友推荐崔小姐办理信用卡，说可以利用信用卡的6个月免息免付款的功能，分期支付购买装修材料的费用,最长的分期可达 24 个月。崔小姐立刻去银行办理了信用卡,并成功办理了分期付款。不久之后,崔小姐的新房如期装修完毕,这回她可以舒舒服服地住在自己的新房里,再也不用到处租房了。

利用信用卡,崔小姐大大降低了一次性支付的压力,使自己可以尽早地装修完新房,好好享受新房带给自己的温馨和归属感。如果我们将装修新房视为一种投资的话,那么使用信用卡来装修新房,就等同于在"赚钱"。灵活运用信用卡的分期免息机制,可以让你既有钱装修房子,又不会承受经济压力。

信用卡为我们的消费带来了很大的便利,随着可以用信用卡消费的场所越来越多,我们出门的时候就可以尽量少带现金出门,尤其是经常出差或者喜欢旅游的人。在异地如果使用银行卡消费,每一笔异地消费银行都会收取一定的手续费,但是使用信用卡在异地消费则不会被收取手续费。

在国外消费也是如此。只需要办理一张国际信用卡,就可以省掉大量汇费。用信用卡在国外消费,还可以免去现金汇兑的损失。此外,通常在办理银行信用卡时,有些银行还会为办卡人提供意外险以及医疗保险,这些免费的保险也让人们的生活更加有保障。银行为了鼓励客户使用信用卡消费,会在客户消费后给予一定的积分,客户可以用这些积分在银行网站上兑换自己想要的礼品。

以下是关于信用卡的一些小常识。

账单日:银行会在每个月定期向持卡人发送当月消费账单,账单内包括信用卡的各项交易、费用明细,还会计算持卡人当月还款数及日期。

信用额度：申请信用卡后，银行会根据个人信用核定一定的透支额度，人们可以用信用额度来消费以及提取现金。

到期还款日：持卡人必须要在到期还款日还清所有款项才能享受免息，如果只还最低还款额，银行会收取相应利息。

免息还款期：对消费类的交易，银行会在记账日至到期还款日之间设定一个免息还款期，通常来说免息还款期最短时间为20天。

最低还款额：所谓的最低还款额是指超过信用额度的全部消费金额、分期付款每期应缴金额的100%、当期信用额度内消费金额的10%、当期所有最低还款额未还部分、当期信用额度内预借现金金额的10%、当期全部费用和利息的总和。

超限费：超过信用卡额度的消费，银行会将这部分消费计算为超限费。

滞纳金：在到期还款日还款不足最低还款额，银行会根据未能按期还款额来收取滞纳金。

保险：系上人生的"安全带"

谁的一生都不可能一帆风顺，人生的意外可能随时发生，让我们措手不及、防不胜防。既然我们无法预防意外的发生，那么必须先做好迎接意外的准备。购买保险无疑是防御意外发生最好的选择，当意外发生之后，保险会挽回人们经济上的损失，所以说买保险等于系上人生的"安全带"。

随着社会不断发展，人们的寿命也在不断增加，近几年来我国老龄化的问题日益严重起来，养老问题也成了社会关注的重点。女人的平均寿命比男人多7年左右，因此女人更加应该注重养老问题。养老金如果单单依靠平时存款来实现还是远远不够的，因为随着生活水平不断提高，人的消费水平也随之提升，单单依靠储蓄的方式来储备养老金，是无法满足生活需要的。国家为了解决人们的养老问题，设立了养老保险，这样一来退休后丧失了赚钱能力后，依旧有养老保险为人们提供生活的基本保障。

郑秀在一家私企里上班，单位为她购买了保险。起初郑秀因为要缴纳保险金而感觉到不快，她觉得每个月都要拿出几百块钱缴纳保险金，实在太不划算了。为此，她还曾多次找到单位的财务部门，商量着可不可以不买保险，将工资全数发给自己。

郑秀一直不能理解保险的好处在哪里，可是就在一次车祸之后，她终于明白了购买保险的好处。一天下班时下起了大雨，郑秀恰巧没有带雨具，只能拼命在雨中奔跑，她想着快点儿跑到车站，这样就可以在车站里避雨了。可是，就在她即将跑进车站的时候，一辆出租车从她的身后疾驰而来，由于雨天路滑的缘故，司机没能及时躲避郑秀，将她撞倒在地。郑秀的左腿骨折，被送去医院救治。由于发生了交通意外，郑秀的保险金为其承担了一部分的医药费用。郑秀被送去医院之后，医生在给她做全身检查时发现，她患有乳腺癌。

郑秀怎么也想不到，一向身体很棒的自己竟然是癌症患者。治疗癌症的费用无疑是比较高昂的，不过好在郑秀的单位为其上了保险，保险为郑秀分担了大部分的医疗费用，减轻了郑秀的经济负担。

高昂的医药费经常会成为人们除疾病之外最头疼的问题，可是郑秀因为上了保险，不需要为医药费担心，她需要做的事情只有全心全意对抗病魔。

保险是人生最重要的保障，购买保险非常重要，但是购买保险不能太过盲目，不要为了买保险而降低自己的生活标准。保险分为很多种，常见的保险有医疗保险、养老保险、意外保险、重大疾病保险等等，这些保险的功能各不相同，人们可以根据自己的需求来购买。

除了购买人身保险之外，还可以为自己的财产上保险。比如说现在有车一族不占少数，城市的道路越来越拥挤，意外随时可能在车辆拥挤的时候发生，因此购买车险刻不容缓。车险可以确保车主在发生意外后，减少自己的经济损失。

国家制定社会保险，可以为人们提供最基本的生活保障，举个最简单的例子，购买社会医疗保险，可以让人们在患上小病时就医省下一大笔医疗费，但是在面对重大疾病时，社会医疗保险所能帮助人们的力量就变得十分有限。女性人到中年之后，身体状况会发生改变，很多女性疾病都会找上门来，宫颈癌、乳腺癌、子宫癌等一系列重大疾病，无时无刻不在威胁着中年女性的身体健康，所以建议女性为自己购买一份重大疾病保险，为自己的人生系上"安全带"。

股票：股市就是你的"提款机"

"股市有风险，入市需谨慎。"就是这句话将很多有心投资股市的女人拦在了门外。卡耐基曾经说过："人生至少要冒一次险，走得最远的人，常常是愿意去做，并愿意去冒险的人。"想要让股票成为自己的"提款机"，必须要先走进股市里一探究竟。

小柔人如其名，是一个地地道道的"软妹子"。一直以来她只甘心做一名公司小白领，每个月领固定的工资。一天，公司里的一名同事趁着午饭时间看股市行情，小柔也好奇地凑了过去，发现自己完全看不懂。后来，同事耐心地给小柔讲起了买股票的好处，并且告诉小柔自己因为买股票一年里赚了五六万元。同事讲的关于股票的事情，小柔大部分都没有听进去，她唯一听进去的话只有"五六万"这个数字。小柔听说同事买股票赚钱了，自己马上跟着兴奋起来，下班回家之后立刻上网了解关于股市的知识。

第二天，小柔信心十足地给自己开了一个户，并且拿出两万元的积蓄投资股市，就好像自己马上就要成为百万富翁了。结果令小柔没有想到的是，第一次投资就让小柔赚到了一千元，这让小柔立刻对投资股市来了信心。小柔虽然性格绵软，却是一个做事情认真的女孩子，很快小柔就掌握了投资窍门。为了降低投资风险，她分散购买几只股票，将投资风险降到最低。渐渐地，股票成了小柔的"提款机"，每个月从股市赚来的钱就足以支付小柔的生活费。

小柔不是一个莽撞的人，而且她善于学习，最终成了一个可以灵活驾驭股票的小女人。股票最吸引人的地方莫过于超高的收益，可是与收益相伴的就是高风险。初入股市时要先了解股市行情，当股市呈现上升趋势时，购买股票可以很大程度上获得收益，如果是在股市低迷的时候购买股票，需要多加考虑才行，这样的时候最好多看少动。

购买股票要懂得把握时机，不要盲目跟风，要懂得控制投资风险。购买股票不仅要考虑大盘的趋势，还要分析股票的上升空间和下跌空间。降低投资风险的最好办法是分散购买股票，但是对于股市操作并不熟练的新人来说，购买多只股票很容易让人感觉到手忙脚乱，甚至还会在慌乱中出错，因此初入股市的人最好不要同时持有5只以上的股票。

当持有的股票持续下跌时，不要一门心思等着股市反弹，一旦股市不断下跌时，如果不及时抛售手中的股票，很可能越陷越深。对股市知识一无所知的人想要涉足股市，不妨先在"模拟股市"中练练手，待熟悉了炒股的流程之后，再进入股市也不迟。

外汇：让钱生出更多的钱

近几年来物价越来越高，很多人都觉得钱不够花，绞尽脑汁想要用手中的钱来赚钱。有的人会选择将钱存到银行里吃利息，但是就目前的形势来看，存款得到的利息还比不上通货膨胀造成的损失。既然这样，倒不如将钱用于投资外汇上，让钱可以生出更多的钱。学习投资外汇，是女人迈向理财成功的第一步。

关于外汇知识很多人都觉得很陌生，在人们的印象中，如果不出国就很难与外汇扯上关系，其实大家对于外汇的这种理解是错误的。外汇现如今已经成了人们的一种理财投资工具，即便不出国也要了解一些外汇知识。

任何两样东西放在一起都会产生差别，货币放在一起做比较同样会产生差价，这就是投资外汇获利的一种方式。外汇市场的环境比较透明而且公正，交易量也相对比较大。投资外汇最大的好处在于外汇的波动并不像股票那么大，即便不幸被套牢了，一年的损失最多只有10%而已，不会像股票一样稍有不慎就血本无归。

外汇的开户与投资股票一样，但是与投资股票不同的是投资外汇一定要学会报价。外汇中的报价指的是两种货币的汇率，汇率会随着国际市场的变化而变化。外汇交易的时候,可以在银行的柜台或者用电话和互联网交易,交易起来十分方便。

小茹从朋友那里得知做外汇投资可以让钱生出更多钱,十分心动,就开始跟着朋友学习投资外汇。在没有接触外汇之前,小茹没有丝毫外汇知识,一直觉得投资外汇是一件很难的事情。可是在朋友的带领之下,小茹居然还有了一些不小的受益,这让她觉得投资外汇并没有想象中那么难,甚至觉得赚钱好像也变得轻松容易了。

小茹第一笔外汇买卖就赚到了几百元钱,虽然钱不多,但是小茹觉得很知足。此后的日子里,小茹每天都会关注外汇信息,业余时间在家也会研究关于投资外汇的知识。就这样,小茹每个月都会在投资外汇中赚取一笔不小的收入,工资远远超越其他上班族。

小茹赚钱的方法很低调,带来的收益却是实实在在的。外汇涨幅并不大,而且汇市是24小时开放,即便小茹是一个朝九晚五的上班族,依旧不影响她做投资。现如今国内很多银行或者金融机构也都相继推出了外汇理财产品,方便大众做外汇投资。

外汇的投资风险其实要比黄金略高一些,所以投资外汇之前要先衡量个人的经济实力以及承担风险的能力,根据自己的时机情况去选择要投资的外汇类型。如果自己不想冒太大的风险,可以选择实盘外汇;如果希望在短期内能够获得收益,那么可以选择保证金交易。无论选择哪一种外汇投资方式,对于投资新手来说,建议投资控制风险,每次交易的开仓比例最好控制在 5% 以内。

每次交易时要设定一个止损价,并且严格按照自己设定的止损价来执行投资计划。此外,持仓的时间越长,发生不确定因素的概率相对越大,投资风险也逐渐增高。投资时不要持仓时间太长,因为短线交易的风险要远远小于长线交易的风险。

基金：一只好基金胜过十个好男人

随着社会经济不断发展，投资理财的途径也变得多种多样，相比较操作过于复杂的理财产品来说，基金更适合女性。

人们常说："选好基金，比选好男人更重要，因为一只好基金胜过十个好男人。"其实，这句话说得一点都不夸张，女人向男人伸手要钱，时间久了难免会被男人嫌弃，可是女人伸手向基金要钱，基金却一点儿"脾气"都没有。

现在市面上的理财产品种类繁多，绝大多数理财产品都需要通过研究复杂的数字或者经过复杂的计算方式才能够进行投资。这种投资方式会让很多女人觉得头疼，因此失去了很多投资理财的好机会。基金却有所不同，基金不需要投入大量的时间和精力，不需要研究太过深奥的理财知识，操作起来也十分简单，因此可以作为女性积累财富的一种重要手段。

基金的品种丰富，可以满足各类女性投资者的需求。基金不像股票那么变化莫测，通常来说只要根据基金长期的业绩表现，再根据权威的基金评估结果，基本上就可以了解投资基金的风险，不用人们花太多时间研究基金，可以让女性节省大量时间照顾自己的家庭。

基金的投资风险相对较低，它的波动性较小。如果投资股票，想要降低风险必须分散投资，可是基金不同。基金基本上都是组合投资，本身投资风险已经被分散开，所以投资基金相对更加保险一些。不过，虽说基金算得上是一种相对稳健的投资方式，但是这并不代表投资基金没有风险。基金同样会受到股市影响，如果股市不景气，基金同样会受到冲击，即便整个投资市场的环境一片大好，也不能排除个别基金的收益出现衰退的情况，所以投资时还应小心谨慎。

提起投资，相信没人会比小雅更加有优势，因为小雅是银行的一名职员，可以说是"近水楼台先得月"。小雅平时经常与各类理财产品打交道，她最看好与基金有关的理财产品。虽说小雅有着得天独厚的优势，但她是一个胆子很小的女生，看准了哪一只基金也会迟迟不出手。后来，小雅的一位同事因为买基金赚到了不少钱，就鼓励她也买，还给她提供了不少的经验。

起初，小雅只会跟着同事买，随着买的次数越来越多，小雅自己也学会了总结经验，并且加以分析。小雅心思缜密，每次购买基金时都十分小心谨慎，就这样，小雅利用基金无声无息地赚到了不少钱。

小雅具备的投资优势可能很多女性都没有，但是她并不是完全依靠自己的投资优势来做投资。小雅在投资时懂得自己去分析，不断了解基金市场，根据基金的投资风险来进行相应的对策，寻找一种风险最低的投资方式。每次小雅在投资之前都会仔细阅读基金公开说明书，因为基金的流程远远简单于股票，所以只要看清楚说明书上的条款后，明确自己的权利和义务就可以了。小雅平时就在银行工作，所以有大量时间收集基金公司的信息，因此她规避投资风险的能力更强，投资的成功率更大。

基金是众多投资产品当中相对比较稳妥的一种，其中基金定投是风险最小的一种投资方式，尤其是在股市比较低迷的时候，选择基金定投更加安全。任何投资都是风险与收益并存的，基金定投虽然投资风险小，但是赚的收益也比较少，此类基金更适合投资新手选择。

国债：分散投资的重要形式

相比较风险高、收益大的投资产品，女性更加偏爱一些风险低、收益稳定的投资产品，恰恰国债就属于这类投资产品。国债之所以能够成为女性最理想的投资对象，是因为国债具有安全性高、操作弹性大、扩张信用能力强、变现性高、可充作资金调度的工具、可作为商务保证之用的优势。

国债是国家为经济建设筹备资金而发行的，所以更加安全可靠，国债的利率波动幅度较小，与其他理财产品相比，国债的投资风险无疑是最低的，适合比较保守的投资者。对于投资者来说，当国债的利率较低的时候，可以持续持有国债坐等国债价格上涨，赚取中间的差价。当利率上涨的时候，还可以将手中利率较低的国债抛售出去，再购买一些利率高的新发行国债，无论哪一种操作方式都会有利息收入。

国债投资安全性极高，投资者可以用国债在银行做抵押贷款，国债的信用度要远远高于其他金融资产，不需要扩张自己的信用，同样可以从事更大的投资。当投资者急需用钱的时候，可以直接去市场进行交易，国债的买卖比较自由，而且变现性高。如果投资者在短期内急需一些周转资金，还可以利用买回的方式先将国债卖给交易商，取回自己的投资资金。

其他投资产品很难作为保证金，可是国债却可以充当保证金或者押标金，而且在保证期间，国债依然可以根据票面上的利率来计算。由此可见，国债投资是一种低风险的投资项目，适合寻求稳定投资的女性。

杜女士今年45岁，她年轻时离异，独自带着儿子生活。眼看儿子就要考大学了，她开始为儿子的学费发愁了。杜女士只是一名普通的上班族，每个月的工资只有3000多块钱。虽然这几年来省吃俭用有些积蓄，但是相比儿子将来上学需要花费的大笔学费来说，杜女士的积蓄显得有些杯水车薪。

早前杜女士的朋友曾经介绍给她不少理财产品，可是她却对理财产品丝毫没有动心，她觉得投资理财产品都带有风险，自己原本积蓄就不多，如果投资失败恐怕连孩子的学费都交不起了。后来，杜女士得知投资国债风险小、安全性高，只不过收入比较少，但是这对于她来说已经是最好的选择了。

杜女士抱着试试看的态度试着投资国债，随着投资时间越来越长，她也掌握了国债投资的窍门——分散投资。很快杜女士就尝到了投资国债带来的甜头，虽然赚的钱并不多，但是她觉得十分满足。

杜女士不是一个善于投资的人，如果不是儿子急需用钱上大学，相信她这辈子都不会涉及任何投资项目。生活中有很多女性朋友都和杜女士抱着同样的态度，如果不是逼不得已，根本不会涉及任何投资。这类女性通常在投资的时候，都会抱着"不赔就是赚"的心态，有这种心态的女人选择投资国债再适合不过了。

虽然投资国债风险相对较低，但这并不代表国债没有投资风险。会给国债带来投资风险的"头号敌人"莫过于利率，而且手中国债期限越长，利率带来的风险就越大。此外，通货膨胀也会让货币的购买能力下降，这也会给国债带来投资风险。通货膨胀期间，投资者手中的国债实际利率会发生改变，除了按照票面的利率计算之外，还要扣除通货膨胀率。这个时候，即使国债名义利率没有升高，国债本身也存在着贬值的风险。

另外，长期国债需要面临变现能力的风险，如果出现急需用钱的情况，而手中持有的长期国债一时之间又找不到买主的话，想要尽快找到买主，必须要压低价格才能出售，所以不要觉得投资国债就可以一本万利，要知道任何投资都会带来风险。

实物投资：让财富保值增值

所谓实物投资，是指投资一些收藏品，随着我国人均生活水平不断提高，喜欢做实物投资的人也越来越多。实物投资是一种长远的投资，获利不是一朝一夕的事情，因此比较适合一些耐得住性子的投资者。

实物投资最早在中国只有一些公司或者一些资金实力雄厚的人才会做，绝大多数的人都怕自己"看走眼"，所以涉足实物投资的人并不多。可是随着收藏品投资市场逐渐转好，收藏的产品种类繁多，并不局限于一些昂贵的天价藏品时，越来越多的人也逐渐涉足其中。

可以用于投资的实物有很多，比如说花瓶、字画、玉器、珠宝等等，民间的收藏品更是多种多样，大到一座古色古香的宅子，小到一个纽扣，都可以作为藏品用于投资。过去人们选择藏品多选择"老、旧、古"的物件，可是现在市面上的藏品越来越新奇，一些具有重大意义的实物同样可以用于收藏投资。比如说，为了纪念"神舟六号"成功着陆，我国发行了一系列关于"神六"的纪念币以及邮票,这些看着"很新"的实物,依旧成了人们高价收购的重点对象,甚至有人为购买这些实物不惜一掷千金。

由此可见,并不是投资所有实物都一定要历史悠久,只要有重大的纪念价值,随着收藏者越来越多,实物投资的价值也逐渐显露,所以说做实物投资可以让财富保值增值。

小曲一直有集邮的爱好,可是她的丈夫一直都对此持反对意见,他觉得小曲这种集邮的爱好简直就是在"烧钱"。每年小曲都会花一定数量的钱购买邮票,不理解她的丈夫经常会因此与她发生争吵。

为了平息生活中的战火,小曲不再"明目张胆"地购买邮票,而是转为用邮票养集邮的办法来持续满足自己的这一爱好。虽说每一张邮票对于小曲来说都是宝贝,但是为了能够得到更好的宝贝,小曲总是知道应该如何取舍。

幸运的是,小曲竟然集齐了一套"文"字邮票,这套邮票堪称"古董级"套票,是最值得长期持有且具有巨大升值空间的一类票品。目前,小曲并没有打算出售手中的这套邮票。她去邮票市场打听过了,她持有的这套邮票市价最少值 10 万元,而自己收集齐这套邮票却只用了不到 2 万元。

不得不说小曲是一个幸运的人,因为很多人收藏邮票很长时间也未必能够凑齐一套邮票,很多时候邮票散落在全国各地,想要凑成一套是难度非常大的事情。小曲的丈夫一直觉得小曲收集邮票的行为是在浪费钱,可是小曲却认定这种实物投资的行为是赚钱的,最终她也用实际行动证明了这一点。

其实，生活中的实物投资还有很多种，比如说收藏白酒、葡萄酒、电影海报、打火机等，这些收藏品年代远远比不上历经千年历史的古玩，但是它们的升值空间同样可观，而且投资的金额要远远低于古玩。实物投资要抱着"物以稀为贵"的原则，而不是根据实物的年代来计算投资价值。比如说一些古代钱币，历史悠久不容置疑，可是如果存世量大，投资价值会非常低，所以这类实物投资并没有太大的价值。

实物投资也需要与时俱进，在不同年代、不同地区，某些实物会受到人们的追捧，甚至会成为"大热"的收藏品，这类藏品的价格会迅速攀升。例如2008年北京奥运会期间，中国人民银行发行了面值为10元的纪念钞，这套纪念钞的设计风格迎合当时的奥运风尚，而且发行量特别少。一时之间，这套纪念钞升值成了收藏品。

另外，艺术品的价格要比普通的收藏品衡量起来更加复杂一些，普通商品的价格会受到商品流通的一般规律的制约，可是作为艺术品却无法用这个规律来制约它的价格。艺术品一般都有着丰富的历史以及文化价值，因此收藏价值无法估计，不过只要是具有收藏价值的艺术品，持有的时间越长，收益越大。

黄金：永不过时的发财路

在很多人眼中，投资是指股市和基金，很少有人会将目光放在投资黄金上。投资黄金往往会给人一种很土豪的感觉，其实投资黄金相较于其他投资，才是一条永远不过时的发财路。

黄金因有着耀眼的光泽备受广大女性朋友的喜欢，黄金不仅可以打造成漂亮的首饰，还可以成为投资的宠儿。俗话说："真金不怕火炼。"黄金在投资市场上的行情也正如这句俗话说的那样，一直都保持着稳定性和坚挺性。

国际市场上的黄金价格是以美元来定价的，在黄金产量增长比较稳定的情况下，停留在黄金市场上的美元也越来越多。由于每单位的黄金所对应的美元数量越来越大，黄金的价格也越来越高。美元这几年泛滥成灾已经不是什么秘密，而且部分美元的资金流向了商品市场，这也导致国际金价持续上涨。国际金价持续增长的势头，短期内都不会有什么转变。

近几年来世界范围内的通货膨胀在逐渐抬头，全球股市开始进入低迷状态，当很多人都被股市套牢之后，黄金无疑成了一种保值甚至增值的投资工具。黄金相比较其他投资品来说性价比更高，而且适合长期持有。

提到投资黄金，也许很多人都会想到影视剧里一打开保险柜金条的场景，其实真正投资黄金并不是让你买金条放在家中，况且黄金的价格很高，如果资金较少，能买到的黄金数量也就少得可怜。国内投资黄金除了有实物黄金之外，还有一种叫作"纸黄金"。实物黄金的成本高，但是纸黄金的成本却相对较低，而且交易方便快捷，只需要去银行开办纸黄金业务即可，还可以选择用美元或者人民币来投资。如果在股市上跌了跟头，不妨在投资黄金这条道路上重铸辉煌。

小樱早在 2006 年时就已经开始涉足股市，刚开始股市行情一路看好，小樱投资股票也做得风生水起。可是好景不长，到了 2008 年 5 月份之后，股市突然暴跌，小樱的一颗心也随着不断下跌的股票荡到了谷底。不过好在小樱之前投资股票赚了不少钱，这次下跌趋势发生之前，小樱早已经忍痛抛售掉了所有的股票，总算挽回了一些经济损失。

股票市场持续低迷，小樱再也不敢涉足股市，只能乖乖将所有钱存入银行。时间刚过去三个月，小樱渐渐感觉自己的钱放在银行里太"吃亏"。她心想，如果能够做点儿别的投资，是不是也比存在银行吃利息更好呢？

对比了投资市场上的各类投资产品，小樱觉得投资黄金比较不错，于是她开始转投黄金，专心做起了"金民"。由于之前并没有投资过纸黄金，所以小樱起初只拿出了 4 万块钱做投资，几个月下来之后，赚到了大概 2000 元。虽说投资纸黄金赚钱不如投资股票来得快，但是却十分安稳，小樱觉得投资纸黄金也没有什么不好，总比将钱存在银行里吃利息要赚得多多了。

小樱是一个"不安分"的女人，她的脑子里总想着要投资赚钱。由于之前投资股市有了一定投资经验，所以小樱做起纸黄金时也得心应手。虽说纸黄金的收益比较小，但是比钱放在银行收益多，这一点足以让小樱这个从股市里"死里逃生"的女人感觉到高兴。

不过，虽然纸黄金交易比实物黄金更加方便，而且投资门槛低，但是它也有一个致命的缺点：与实物黄金相比较，纸黄金对于通货膨胀的抵御能力要差很多。纸黄金不允许实物交割，所以起不到保值的作用，如果想要抵御通货膨胀，在经济允许的情况下，最好还是投资实物黄金更好一些。

房地产：不动产投资的王道

近几年来，房价的突飞猛进也带动了不动产投资，房地产业的投资环境逐渐得到改善，购房贷款的利息也远远低于商业贷款的利息，不动产将会成为投资的王道。

随着房地产市场不断健全，投资房地产的风险也逐渐降低，不动产的保值机会和增值机会也得到了提升。投资不动产其实和投资股票、基金差不多，必须具备慧眼才行。投资房地产必须考虑房子的地段、质量、现代化程度、供应套数、售价、付款方式、小区环境、物业管理以及房屋的状况等因素，只有从多角度进行衡量，才能够让你在房地产投资当中无往不利。

顾女士已经接近不惑之年，最近两年里她的顾虑越来越多，比如说孩子的升学、自己的生活、将来的养老问题等，这些都成为压在她心上的大石头。这所有的问题都需要用金钱来解决，这让顾女士心感不安。她心想，如果自己手里有一大笔存款的话，这种忧虑可能会减少一些，可是偏偏自己没有什么钱。于是，她开始积极寻找成本较低的投资机会。

很快，顾女士就打听到，她所在的城市的市郊地区有一个楼盘正在处理尾盘。她想着钱放在银行里也没有多少利息，不如投资房产试试。于是，她来到现场，看上了一套120平方米的房子，当时这套房子的售价为32万元，首付5万元，月供1900元就可以拥有它。顾女士想到，这里虽然是郊区，但是市里已经规划在这里兴建一个大型体育场馆，以后的发展前景还是很看好的，于是她毫不犹豫地买下了这套房子。不久之后，这个楼盘果真慢慢变得繁荣起来，顾女士立刻将自己的房子以每月1800元的租金租出去，用这笔租金还支付月供，大大减轻了自己的压力。

两年之后，顾女士购买的房子价格涨到了每平方米6000元。她估算了一下，这里的房价已经没有什么升值空间了，不如将它卖掉，用卖得的钱作为首付，在市里再买一套房子。于是，她很快就将这套房子出手，在市里重新购买了一套面积小一点儿的房子。果然，市里的房子涨价速度快，很快就让顾女士大赚一笔。

顾女士投资房地产之所以会成功，是因为她考虑到了能够影响房价的一切因素。投资不动产时应该先考虑房子的地段，虽说顾女士所选的房子地段并不好，但是价格较低，而且属于政府要扶持规划的地段，这意味着将来她选的房子地段会变得比现在好很多，所以具备投资价值。之后，顾女士在房价上升到一定程度之后，没有贪心，果断卖掉房子，又重新购买了市里的一套房子，以后升值的空间会更大。

一般来说政府会扶持规划的地段，大开发商都会抢着斥资开发，选择这样的楼盘未来升值空间很大。人们买房用于投资还是次要，主要是用于居住，因此房屋的质量十分重要。质量好的房子，更受人们喜欢，出售时也更容易出手。随着科学技术不断发展，现如今人们的住房也变得越来越现代化，因此现代化程度越高的房子，未来升值空间越大。

此外，投资房地产还应该考虑房子的售价以及付款方式，售价越高的房子投资收益越小，但是按揭贷款的成数以及年数也十分重要。一个小区的环境自然也牵动着房价的高低，如果是一个小区内，既有大户型的房子，又有小户型的房子，两种不同户型的房子掺杂在一起，小区环境很难提升档次，而且出租时也缺乏竞争力。除了小区的环境之外，小区的物业管理也十分重要，物业的好坏直接影响人们居住的心情，因此小区物业好与坏一定要重点考虑。

另外，投资房地产还需要根据自身条件来定，切忌盲目跟风。在房屋交易的时候，一定要办理好所有相关手续，以免出现纰漏，日后带来麻烦。

课后总结

灵活运用信用卡，巧妙使用信用卡的免息功能，可以用银行的钱埋单，同时还不耽误存款吃银行的利息。

人人都说股市"水太深"，变化莫测的股市让很多人在里面翻了船。可如果懂得规避股市风险，股市完全可以成为人们的"提款机"。

灵活运用外汇，可以让你的钱多生出更多的钱。

找个好男人可以让女人过上好日子，可是好男人不好找，好基金却好找得多。

不想做风险较大的投资项目，不妨考虑做分散投资的国债以及可以让财富保值增值的实物投资。

房子是给女人归属感的重要"道具"，除此之外，房子还是人们投资赚钱的重要手段。

第十课

预防财务危机,这些投资要谨慎

> 人们在投资时如果不谨慎小心,很可能造成投资失败,甚至还会引起财务危机。生活中任何投资都带有一定风险,有一些投资看上去"一本万利",实际上却"暗藏杀机"。

安全稳健是第一，理性看待高收益

随着互联网的普及，网络上的很多投资理财产品犹如雨后春笋一般涌现，人们对网络投资理财也越来越关注。网络上经常会出现一些高收益的投资产品，这些投资产品吸引了不少有投资想法的人，可是在金融行业当中流行着这样一句话："高收益必定伴随高风险，但高风险却不一定能够换来高收益。"由此可见，想要投资赚钱，只看收益的高低是远远不够的，关键还要安全稳健。

当高收益投资产品摆在面前，我们不能只盯着高收益，应该保持理性的态度看待。首先，应该考虑这种高收益的投资模式是否真实，查找推出这类投资项目的公司是否正规，判断高收益是否只是一个骗局。其次，要衡量自己的风险承受能力，如果自己承担风险的能力足够强，可以考虑高风险投资项目，反之则要三思而行。最后，要时刻关注理财公司的动态，发动互联网力量，可以询问其他参与过投资的网友投资是否真实可靠，确定无疑再考虑是否要投资。

芳芳身边的朋友都在做各种投资理财项目，每个人每个月都会因为投资赚到一笔额外的小收入，芳芳看着也觉得眼红，可惜自己却对理财投资项目一窍不通，只能眼馋别人。一天，芳芳正在浏览网页，发现网络上竟然有一个理财产品，只需要三个月的时间，收益就可以翻倍。

芳芳看到这则信息之后开心不已，立刻通过手机注册了一个账号，很快对方的工作人员就给芳芳打来了电话，并且耐心地给芳芳讲解着理财产品的优势。芳芳听完之后心里更加高兴，当即购买了4万元的理财产品。

芳芳买完理财产品之后，立刻发了一个朋友圈晒了自己的"战果"。她的朋友圈一出，很多朋友纷纷给她打电话，告诉她一定要谨慎，因为收益实在太高了，完全不合乎常理，提醒芳芳小心上当受骗。可是在芳芳看来，这是朋友们在嫉妒自己，所以并不放在心上。

芳芳购买理财产品的一个星期之内，理财产品的收益持续增长，与电话里的工作人员描述的一模一样，这让芳芳更加确信自己的选择是正确的。此后，对方的工作人员建议芳芳再加大投资，尝到甜头的芳芳将自己的全部积蓄12万元一次性全部投了进去。

芳芳将钱全部打给对方之后，第二天一早，就美滋滋地想登录网站看看自己究竟赚了多少钱，结果发现网站根本打不开。芳芳立刻拨打了之前工作人员打给她的电话，结果发现电话已经变成了空号，芳芳一下子傻了眼，自己辛苦存下的十几万元的积蓄，就这样轻松地被骗子一锅端了。

芳芳对投资理财知识一点儿都不了解，一门心思急于赚钱，结果不小心上了骗子的当。网络上的骗子之所以能够屡屡得手，不是人们的警惕性不高，而是一些高收益的理财产品往往让人失去理性。

　　经常上网的人一定都见过网络上的各种各样高收益的理财产品广告，这些广告的背后究竟隐藏的是无限的财富，还是无底的深渊，我们不得而知。在这里只能提醒一下各位女性朋友，在投资理财时，一定要提高警惕，以安全稳健为主，切忌盲目投资。

优质平台四标准：资质、排名、风控、成交量

互联网理财产品被越来越多的人所熟知，可是当网络上出现越来越多的理财产品时，人们就很难去辨别真假。

一些劣质的平台坑害投资者，让投资者蒙受巨大的损失，最著名的莫过于"e租宝"事件。其实，投资互联网理财产品选择优质平台十分重要，优质平台的资格标准为：资质、排名、风控以及成交量。

平台资质是指在国家监管部门的监管下，平台需要拥有营业执照、组织机构代码证以及税务登记证，三证必须齐全，经营地址必须真实有效。此外，还需要了解平台运营的时间，运营时间越久说明资历越老，经验也相对更加丰富。

平台排名是指在同行业中，平台的排名状况。每一个行业都有行业内的排名，而互联网理财平台也是如此。投资者可以根据排名来选择优质平台，通常排名越靠前的平台越好。

风控能力是平台是否优质的基础，也是所有投资者最关心的问题。普通的平台风控大多以考察借款人的收支情况为依据，如果借

款的主体是企业的话,那么平台则会考察借款企业的经营状况。

平台成交量是指平台在一段时间内的成交总量,投资者可以用成交量来做参考,一般来说成交量越高,说明平台的客户越多,越值得信赖。

小梓平时特别喜欢上网,也对网络上的一些理财产品十分感兴趣,可是自从"e租宝"的事情发生之后,她就开始对网络上销售的理财产品持有怀疑态度。她总担心平台的老板会不会拿着钱跑路?公司会不会突然倒闭?眼前的投资项目真的靠谱吗?

各种各样的疑虑让小梓迟迟不敢入手,一直都保持着观望态度。经过半年的观察,小梓发现某平台这半年时间里,交易量越来越高,而且她也上网查过该平台的有关信息,证实这家平台已经成立三年了,排名也在同行业里名列前茅。

凭借着自己收集到的这些信息,小梓开始精心挑选适合自己的理财产品,最终在该平台上挑选了三种理财产品,共计投资7万元。三个月过去了,小梓投资的三种理财产品全部盈利,合计收益4750元。虽然小梓赚得并不算多,但是她很知足,因为这些钱远远要比存放在银行里利息多多了。

小梓的个性十分谨慎,因此她在选择投资平台的时候,认真按照资质、排名、风控、成交量这个标准严格判断平台的可靠性。甚至为了确定平台的可靠性,她甚至还花了半年时间去关注投资平台。小梓的这种做法也许很多人觉得太浪费时间,但是这种做法却能够确保人们在投资的时候不会因为自己"看走眼"而倾家荡产。

事实上,除了长时间关注投资平台之外,还可以通过上门考察、抽标等方式来判断是不是优质平台。另外,现在网络越来越发达,人们也可以通过上网收集平台信息,相信热心的网友必定会第一时间"知无不言,言无不尽"。

货币基金:"现金"保管箱

货币基金是指将社会闲散资金聚集在一起,再交由基金托管人管理资金。货币基金是一种开放式的基金,主要用于投资无风险的货币市场,所以具有极高的安全性和流通性。货币基金具有"准储蓄"的特性,有稳定的收益性,适合求稳的投资者选择。

货币基金的投资范围是货币市场,其中包括债券等投资产品。因为货币市场的投资风险非常低,所以货币基金的投资风险为零。有些平台会宣传货币基金的收益达到了 8%～10% 左右,这种高收益可以在短时期内维持,但是长期保持这样的高收益是不太可能的,所以投资者不要听信这样的话。但货币基金毕竟是现金管理工具,所以会保持长期的收益平稳。

目前,股市一直处于低迷的状态,货币基金无疑成了现金保管箱。货币基金申购赎回是免费的,所以与其说货币基金是一种投资工具,倒不如说它是一种现金管理工具更加贴切。

沈莉是一名家庭主妇,孩子正在读小学。她每天的任务就是接送孩子上学,其他的时间都很自由。她本想着出去找份工作做做,可是她的丈夫却不希望妻子太累，况且自己也有能力赚钱养活全家。沈莉转念一想，自己既然不能出去上班，那么就只能在家想办法赚钱了。

沈莉曾听人说炒股很赚钱，她也动心想要尝试，可是看了很多关于炒股的新闻之后，沈莉又觉得自己不懂金融知识，炒股这么"高难度"的投资方式不适合自己。后来，她又听说投资基金可以赚钱，就在她想要小试牛刀的时候，她的一位朋友因为做基金赔了不少钱，这让沈莉再次打消了投资的念头。

一天，沈莉在网络上了解到还有一种叫作货币基金的投资工具，这种投资工具相当于现金管理工具，但是投资货币基金却比将钱放在银行里收益更高。她先购买了5万元货币基金，随着投资时间越来越长，她发现原来货币基金真的稳赚不亏。虽然赚得不多，但是她坚信"做投资不赔就是赚"的道理，作为一个家庭主妇，能够在家投资赚钱她已经心满意足。

沈莉投资时一心想要求稳，所以货币基金成了她最好的选择。货币基金除了本金安全之外，流动性也与银行的活期存款差不多，可以随时申购赎回，而且赎回后的第二天就可以使用这笔款项了。这两种投资优势让沈莉感觉到心安，她不求自己透过货币基金赚到盆满钵满，只求投资安稳，于是，她心满意足地享受这货币基金带来的收益。

货币基金还具有月月分红、免费免税的优势，每个月投资人都可以领取相应的基金分红，而且与其他基金相比，货币基金的认购费、赎回费以及申购费统统为零。另外，货币基金的办理流程比较简单,只需要投资人携带有效的身份证件到银行开户后,存入一定的资金,就可以通过网络、电话以及银行柜台等形式进行货币基金交易,方便快捷的操作方式更适合现代人投资需求。

适合女人投资的两类国债

　　国债市场上的债券品种多样。女性投资者在面对多种多样的债券品种时，不免会觉得有些眼花缭乱，不知道要从哪一个入手。最适合女性投资的国债有两种，一种是记账式债券，另外一种是凭证式债券。

　　记账式债券属于上市债券，而凭证式债券属于不可上市债券。凭证式的债券并不是一种实物券，所以大家可以在银行网点以及邮政储蓄网店购买，这类债券主要由发行点填制凭证式债券的收款凭单，其中包括了购买人的姓名、购买的券种、购买的日期、购买的金额以及购买人的身份证号码等等相关信息。凭证式债券并不能够上市进行交易，也不能随意转让给他人，却可以灵活变现，如果需要提前兑现的话，还可以按照持有的期限长短获得相应的利息，而且利息要比同期存款的利息高一些。凭证式债券提前兑现，不会像定期储蓄提前取款损失太多利息，而且利息不会随着市场利率波动而受到影响。凭证式国债有些类似储蓄，但是却优于储蓄，因此凭证式国债也被人们称为"储蓄式债券"。有一些喜欢储蓄的人，不妨用这种方式来实现投资目的。女性喜欢安全的投资方式，大可以选择这种储蓄式债券。

记账式债券也被称为"无纸化债券"，这种债券需要通过交易所交易系统办理。投资者在购买记账式债券的时候，需要委托证券机构代理，因此女性想要投资这种债券，必须先注册证券交易所的证券账户，之后在证券经营机构开设资金账户，最终才能够购买记账式债券。记账式债券的最大好处在于可以上市转让，但是价格会随行就市，虽然有时收益会比较高，可是与高收益相伴的还有高风险，因此选择这种债券应该慎重。

张女士有定期储蓄的习惯，每个月开工资之后，她都会将工资的一部分放在银行账户当中。张女士经常会将存款存为定期，这样可以获得更多的利息。有一次，张女士的婆婆因为意外摔伤，需要一笔2万元的手术费，张女士手头没有那么多现金，最终只能将马上快要到期的5万元存款取了出来给婆婆看病。

经历过这一次之后，张女士深深体会到了定期存款给自己带来的不便。可是如果将钱存为活期存款，那么存款获得的利息少得可怜，一时间，应不应该继续存定期让张女士犯了愁。后来，银行的工作人员推荐张女士选择凭证式国债，并且详细讲解了凭证式国债的各种优势和好处。张女士听了之后觉得非常不错，适合她这种喜欢存钱的人，立刻购买了3万元凭证式国债。

购买国债期间，张女士的儿子考入了大学，因为要给儿子交学费，张女士只能将手中持有的凭证式国债卖掉。虽然张女士的国债没有到期兑换，可是利息却没有损失太多，这让她倍感欣慰。

张女士属于典型的喜欢储蓄的人,她并不想冒风险获得更高的收益,所以凭证式国债最适合她。其实,两种不同的国债类型各有好处,女性投资者只需要根据自身的情况来进行取舍即可。虽然记账式国债具有一定风险,可是由于其收益较高,依旧适合喜欢投资赚钱的女性朋友购买。

从利率上来看,凭证式债券虽然比银行利率高,可是与记账式债券相比要低。在兑换成本上,两者之间提前兑换的手续费都是2%,可是记账式债券却可以在持有时随时按照市价进行买卖,而凭证式债券则必须持有半年以上的时间,否则利息是不予计算的。想要提前兑取凭证式债券,必须承担还没有计入持有时间的利息损失。

另外还要提醒大家,购买债券并不是稳赚不赔的事情,如果人们操作不当的话,不仅不会获利,反而还会给自己带来一定的经济损失。凭证式债券的持有时间越短,自己受到的"经济损失"越大,如果仅仅想要投资不到一年的时间,建议还是选择银行储蓄存款,这样会更加划算一些。

凭证式国债交易指南

凭证式国债的票面形式与银行的定期存折十分相似，但利率却比同期银行的利率略高，因为收益稳定、投资模式与储蓄相近，所以也被人称为"储蓄国债"。

一些女性往往会觉得投资是一件麻烦的事情，尤其是购买凭证式国债，一想到需要去银行办理，很多女性都开始打退堂鼓了。在人们的印象当中，需要去银行办理的业务一定很复杂，可实际上凭证式国债的交易流程却相对简单。

凭证式国债的交易指南如下所述。

认购：凭证式国债必须要在发行期间，持投资者本人的有效证件到银行的营业网点办理认购，购买金额要按照100元人民币的整倍数计算。

兑取：根据财政部规定时间，投资者可以提前兑取凭证式国债。提前兑取凭证式国债必须使用本人有效身份证件、凭证式国债收取凭证以及相关密码，在银行营业网点的柜台处办理。

兑付：当凭证式国债到期之后，投资者可以到银行网点进行兑付,如果逾期仍不兑付,债券不会累积利息,因此到期后应该及时兑付。

一次,佳佳去银行存款时知道,原来购买凭证式国债比存款利率要高,她心想自己的存款反正一时半会儿也用不到,倒不如买点凭证式国债赚点儿钱更好。佳佳在银行柜台办理了认购手续,并且一次性购买了3万元凭证式国债。一年之后,佳佳将手中的凭证式国债兑换成现金,利息比银行多了几百块钱。虽然这笔钱并不多,可是同样的时间将这些钱存在银行就显得亏了。

佳佳无意中发现了凭证式国债的优势,即便她原本并没有什么投资意向,却抓住了这样一个赚钱的机会。同样是将钱放在银行里,佳佳却将存钱的收益做到了最大化。

凭证式国债的主要特点如下所述。

1. 方便:凭证式国债在全国的发行网点特别多,购买起来十分方便,兑取的手续也十分简便,是不错的投资选择。

2. 安全:凭证式国债是实名制,如果丢失可以在银行进行记名挂失,个人持有相对更加安全。

3. 利率高:凭证式国债的利率相比同期银行的利率高1%~2%,如果提前兑取会根据持有时间来计算利率。

4. 风险小:由于凭证式国债不能上市交易,所以流动性风险小,可是凭证式国债可以灵活变现,随时可以到购买债券的银行兑取现金。

记账式国债交易指南

记账式国债的净值会在某一个时段发生变化,但是这种变化也是有迹可循的,一般净值的变化主要发生在发行期结束开始上市交易的初期。在净值发生变化的时期,投资者会因为净值变化获得资本溢价收益,也有一定机会发生资本损失。通常只要能够避开这个时期购买记账式国债,都可以有效规避这类风险的发生。

记账式国债只要上市交易一段时间之后,净值就会逐渐趋于稳定。随着记账式国债净值逐渐稳定,投资者的收益也变得稳定,一般来说记账式国债的收益在2.73%左右。记账式国债虽然有很多种,但是每一种记账式国债的收益差距都不大。

记账式国债一般是交易所、银行以及跨市场发行三种情况,投资者在购买记账式国债之前,一定要先进行认购登记,认购登记必须携带投资人本人的身份证,到有代理开户资格的证券营业部办理相关的开户手续。新的记账式国债在成功认购之后,将会在指定的日期在交易所挂牌上市,国债上市之后,投资者可以通过电话或者网络交易系统对记账式国债进行投资操作。记账式国债到期之后，兑换的收益比其他形式的国债更好一些，而且交易起来也更加方便。

小艾是一个普通的工薪阶层，她每个月辛勤工作，到手的工资除了日常支出，还能剩下一部分。她觉得，如果把钱存到银行吃利息，实在是太不划算，因为利息太低。看着自己身边的同事、朋友都在做投资，小艾也动过投资的念想，可是她也看到有同事在股市栽了大跟头，也就不敢贸然进行投资了。

后来，小艾通过网络了解到了记账式国债，她觉得这种投资方式不像股市风险那么大，而且操作起来也比较简单，重点是这种投资方式相对比较安全，即便投资失败也不至于让自己倾家荡产。

第二天，小艾来到银行办理了认购手续，并且将存款的一部分拿出来做记账式国债。一转眼一年过去了，小艾操作记账式国债已经驾轻就熟，虽然赚的钱并没有别人炒股赚得那么多，但是相对安稳的收益也让小艾的日子过得更加舒心。

记账式国债并不像其他投资方式那么"刺激"，不会像股市一样难以捉摸，更加不会出现大起大落的情况。虽说记账式国债也有一定投资风险，但是这个风险相对较小，而且即便投资出现风险，也不至于让人"伤筋动骨"。小艾就是看准了记账式国债的这个特点，才选择投资记账式国债。

记账式国债到期后的收益要比凭证式国债高很多，而且不用像投资股市那么提心吊胆，更加不用像凭证式国债交易那么复杂，比较适合现代普通工薪阶层的年轻人选择。

分红型保险：理财型保险

所谓理财型的保险，是指万能险、投连险以及分红险等。这些保险都与理财有关，所以在购买这类保险之前，一定要充分考虑自己的经济状况。购买理财型保险时，应该先做好预期收益，同时也要计算好自己对风险的承受能力。

很多女性对于理财型保险的知识并不了解，却在别人的劝说之下，冲动地购买了理财型保险，因此常常会在事后有一种被骗的感觉。其实，购买理财型保险的时候一定要头脑清醒，不要轻易听信他人的劝说。现在有些银行也会代售某些保险理财产品，但是这些保险理财产品并不代表是银行发售的，而且这些理财型保险本身与银行之间并没有太大的关系，银行只扮演一个第三方的角色，只是用于销售保险产品的一个平台而已。

理财型保险的收益常常会让人动心，可是在购买理财型保险之前，除了要考虑收益问题，还应该考虑保险的额外费用。还有一群人会觉得有了保险就等于钱"安全"了，可是有些时候保险也未必真的"安全"。根据投资市场的变化，保险也会出现亏钱的时候，如果股市不好的话，甚至还会出现巨亏的情况。

此外，一些分红型的保险，投保之后每两年会获得10%保额的分红，可是很多投保人往往看到的都是"两年"以及"10%"这两个词，却很少能够考虑到保额与保费之间的问题，因此不少人被"保额"两个字坑苦了。

朋友告诉罗曦，理财型保险不仅是单纯的保险，还可以定期得到分红，理财与保险两不误，花一份钱等于做了两件事。罗曦听朋友这么一说，立刻动心了。朋友为她推荐了一款分红型保险，并且告诉她只要购买这个保险，以后每两年的时间都会得到一次保额10%的分红，这让她感觉到非常高兴。

一转眼罗曦的保险已经买了两年时间，可是当分红到账的时候，罗曦整个人都傻眼了，因为分红数额完全跟朋友说的不一样，两者之间相差甚远。她立刻带着合同找朋友询问详情，结果朋友在她签订的保险合同中10%保额分红上的"保额"画了一个圈。

这个时候罗曦才发现，原来分红仅仅是保额的10%，并不是自己保费中的10%。她购买的保险身故保额为10万元，可是累积保费却达到了20万元之多，所以分红按照每两年10%的保额来计算，这样换算下来，她实际上每年只能获得2.5%的分红，与朋友所说的分红差距很大，可惜没有办法，谁让她购买保险的时候没有好好看合同内容呢？现在只能吃下这个"哑巴亏"。

罗曦购买理财型保险时犯的错误也是绝大多数人都会犯的，人们常常会将注意力重点集中在分红的数目和比例上，而很少会留意到小细节，有些时候一个小小的细节会直接影响最终的收益。

在很多人印象中，保险只要购买了就不能反悔了，其实保险也是有一个犹豫期的，这个犹豫期为10天。在犹豫期内如果反悔，完全可以选择退保，而且退保时是没有任何损失的。一般来说，所有的保险合同当中都会故意将犹豫期时间写得很"隐晦"，这是因为很多保险业务员都担心到手的业务会跑掉，所以不会提醒投保者有犹豫期。

另外，还有一些保险合同也会与投保者玩"文字游戏"，会将"10天内退保"写成"10天内调整"，"退保"和"调整"之间的含义相差甚远，因此造成很多投保者在后悔购买保险之后，转念一想退保会蒙受经济损失，所以干脆选择不退保。通常在接到保险公司的回访电话7～10天的时间里，只要后悔购买保险，都可以选择无损失退保。

银行保本理财产品

随着市面上理财产品种类越来越多,诚信缺失的问题也越来越严重。人们在质疑理财产品的同时,又将自己的投资目标转到了保本型理财产品身上,绝大多数人觉得保本理财产品没有任何风险。

实际上,保本理财产品可以保障本金的安全,并不代表保本理财产品绝对零风险。任何投资都伴随一定风险,只不过保本理财产品的风险程度相对较低而已。况且保本理财产品并不是在任何时间内都可以100%保障本金不受损失,而是只能够在一定的投资期限之内保障投资人的本金不受损失,可只要投资人提前终止或者赎回,保本理财产品就无法继续"保本"。只要提前赎回保本理财产品,投资人必须支付一定比例的费用,这笔费用很可能造成投资人本金受到损失。

此外,保本型理财产品的收益并没有保证,因为保本型理财产品只对本金有保障,并不是保证一定有收益。因此,购买保本理财产品,必做好理财产品到期后仅仅能够收回本金的心理准备。

周小姐是典型的保守型投资者,空有投资的想法,却没有投资的胆量，总想着不想伤及本金。根据周小姐的意愿，理财公司推荐她购买保本型理财产品，周小姐一听说还有保本型的理财产品，立刻乐开了花，当即就购买了10万块钱的保本型理财产品。她觉得保本型理财产品，最差的时候也就是自己得不到任何收益，起码不会伤到本金。

周小姐万万没有想到，自己购买的保本理财产品竟然遇见了浮动收益的情况，因为在购买理财产品之前，她并没有仔细看合同，所以根本不知道遇见这种情况还会扣除产品管理费等一些费用，扣除这些费用之后，周小姐的保本理财产品，不仅没有收益，也没有做到"保本"。

周小姐投资思想过于保守，所以她选择了同样为保守型的理财产品。虽然说保本理财产品可以在市场不好的情况下，保住投资者的本金不受损失，但是因为过于保守，在市场前景比较乐观的时候，这种保守的理财产品反而呈现出了劣势。

投资思想比较保守的投资者在投资理财产品时，除了要考虑理财产品的安全性以及收益之外，还应该仔细看合同的内容。任何理财产品都不能做到100%没风险，很多风险在投资者购买时，业务员都不会一一列举，只能通过自己仔细阅读合同才能够得知，所以不要因为自己太过保守的投资思想，让投资时看到保本理财产品就变得盲目。

保本基金:基金中的"战斗机"

在股市持续低迷的情况下,人们已经渐渐开始对股市不抱有任何希望了,转而将投资目光放到了基金上。虽然基金比股市要更好掌握一点儿,可是仍然存在着很大投资风险。在众多的基金当中,保本基金的投资风险相对较低,适合一些风险承受能力较差的投资者选择。保本基金绝大部分会被用于从事固定收益投资,而另外一小部分的资产则用于投资高、风险高、回报高的投资项目,这样一来,大部分资金可以用来保本,而小部分资金可以用来投资获取收益,所以保本基金相当于基金中的"战斗机"。

虽说保本基金的风险较小,但这并不代表着保本基金一点儿风险都没有,如果购买保本基金不注意技巧,同样会让自己蒙受经济损失。比如说,在选择基金经理的时候,一定要选择一个比较稳健的人。通常来说,一位基金经理可能会同时管理十多只基金,所以很多时候他们的工作量特别大,况且有一些基金经理也会自己投资,这样一来,花在管理基金上的时间相对较少,这种情况很容易让你的基金备受"冷落"。既然已经选择购买保本基金,那么选择基金经理必须考虑做事稳健的人。

此外,购买保本基金切忌轻易赎回,一旦提前赎回了基金,则需要缴纳非常高的赎回金,而保本基金的收益本来相对较低,如果还要支付高额的赎回金,很可能收益变得所剩无几,甚至还会伤及本金。

诗雨早前炒股赚了一些钱,后来因为股市一直低迷的原因,她就舍弃了股市,转而寻找其他的投资机会。一直对投资持观望态度的她,最终将投资目光放在了保本基金上。诗雨觉得现在投资市场不平稳,所以自己投资还应该保守一点,选择保本基金自己的投资本金起码有保障。

生活中有很多意外发生得猝不及防,诗雨刚刚购买保本基金不到4个月的时间,她母亲就因为生病住院急需用钱。无奈之下,诗雨只能提前赎回自己的保本基金。之前诗雨一直很满意保本基金给自己带来的稳定收益,可是现如今要提前赎回,让诗雨的本金也很受伤。诗雨必须支付一笔高额的赎回费,这笔费用比之前4个月赚到的收益还要高,这样算下来诗雨这次投资并没有赚钱,反而亏了钱。

生活中发生意外在所难免,诗雨如果不是因为母亲住院急需用钱,也不会提前赎回自己的保本基金。可是,她提前赎回保本基金的这个行为告诉我们,保本基金并不一定100%保本,有些时候也可能让我们伤到"老本"。

保本基金通常周期为 $1\sim3$ 年,一般比较常见的为 $2\sim3$ 年,有一些保本基金甚至还会长达 $7\sim12$ 年,周期不一样与保本基金的特点有关。因为保本基金中大部分资金都会用于投资有固定收益的投资工具上,其中有小部分资金会用于投资高风险、高收益的投资上,而这些高风险、高收益的投资,通常指的是股市或者债市,而无论股市还是债市都会在 3 年左右的时间里出现一次小周期,所以保本基金设定周期才会设定这样的时间。设定 3 年周期的保本基金,收益会比 1 年周期或者 2 年周期的保本基金高,如果选择保本周期较短的保本基金,收益往往会非常低。

课后总结

　　无论何时都要明白投资是有风险的，即便表面上看上去"一本万利"的投资，其实也暗藏着很多风险。

　　投资时不要将注意力都集中在高收益上，应该以安全稳健为主。

　　选择投资平台很重要，投资平台的实力参差不齐，会影响投资收益，甚至威胁到投资的安全性。

　　优质的平台必须看平台的资质、排名、风控以及成交量，掌握这四点才能够找到一个对自己有利的投资平台。

　　货币基金堪称"现金保管箱"，在投资市场出现震荡的时候，投资货币基金无疑是最安全的选择。

　　不要觉得所有的保险都"保险"，尤其是一些理财型的保险，购买时一定要看准保险合同的细节，很多隐藏在合同中的细节，最终都会影响收益。

　　不要觉得所有的保本理财产品都能做到不伤本钱，在某种特定的时期里，保本也会变得"不保本"。